U0180776

数字媒体实训教程

主 编 严颖敏 佘 俊

上海大学出版社
·上海·

内 容 简 介

本书包含了目前流行的 Premiere、Audition、Photoshop、Animate、After Effects 多媒体工具软件的实验,同时包含了 VR 全景漫游制作的综合实验。所有实验采用了 CC 2019 版本。实验内容由基础实验和综合实验相结合,每个软件的实验内容由浅入深,循序渐进,使学生能渐进地掌握各个软件的使用方法。

本书提供实验相关的素材和样张(请通过电脑浏览器打开链接 share.weiyun.com/5ovBegN 下载)。

图书在版编目(CIP)数据

数字媒体实训教程/严颖敏,佘俊主编. —上海:
上海大学出版社,2020.1 (2021.6重印)
ISBN 978 - 7 - 5671 - 3760 - 8

Ⅰ.①数… Ⅱ.①严… ②佘… Ⅲ.①数字技术-多
媒体技术-教材 Ⅳ.①TP37

中国版本图书馆 CIP 数据核字(2019)第 291993 号

编辑/策划　赵　宇　江振新
封面设计　缪炎栩
技术编辑　金　鑫　钱宇坤

数字媒体实训教程

主编　严颖敏　佘　俊
上海大学出版社出版发行
(上海市上大路 99 号　邮政编码 200444)
(http://www.shupress.cn　发行热线 021 - 66135112)
出版人　戴骏豪
＊
南京展望文化发展有限公司排版
江苏句容市排印厂印刷　　各地新华书店经销
开本 787mm×1092mm　1/16　印张 14.75　字数 358 千
2020 年 3 月第 1 版　2021 年 6 月第 2 次印刷
印数:3101〜6200 册
ISBN 978 - 7 - 5671 - 3760 - 8/TP・074　定价　46.00 元

前　言

习近平主席在全国教育工作会议上指出："教育要在增强综合素质上下功夫，教育引导学生培养综合能力，培养创新思维。"党的十九大描绘了决胜全面建成小康社会、开启全面建设社会主义现代化国家新征程、实现中华民族伟大复兴的宏伟蓝图，对建设网络强国、数字中国、智慧社会作出了战略部署。

上海大学作为全国 211 高校、双一流学科建设大学，一直在不断探索人才培养机制。2011年，上海大学开始实施基于拓宽基础培养和通识教育的大类招生。如何培养学生，如何培养好学生，如何把学生培养成适合时代发展要求的复合型创新人才，成为摆在各学院部门面前的一道难题。

大学计算机基础教育承担着提高大学生综合信息技术素养的责任。上海大学计算中心作为上海大学基础教育部门，配合学校实施大类招生改革，也做了很多教学改革的工作。2011年，计算中心根据上海大学理工大类、人文大类、经管大类三大类学生的学科特点，结合上海市其他兄弟院校计算机基础教育的一些优秀经验，首次提出模块化教学理念，除了必修的计算机基础课程外，还设置了计算机网络技术与应用、计算机数据库基础、计算机多媒体基础、程序设计等方面的模块课程供学生自由组合选修。在此基础上，结合实际教学中师生的感受，不断改进，又分别进行了第二次、第三次教学改革，并于 2019 年公布了第三次教改内容。此次教改更加注重学生对新技术的学习，特别是在人工智能、大数据方面都开设了有针对性的课程，符合国家目前对大学生的信息技术培养要求。

多媒体课程作为广大学生喜闻乐见的课程，从上海大学开设计算机基础系列课程之初就已存在。随着多媒体相关软件技术的不断发展、升级、更新，相关的教材也在不断改进、出版。本系列教材集合了上海大学计算中心多位一线教师的丰富经验，结合多年的教学经验、感悟、项目经历等，力争为学生带来当前最新的多媒体基础理论知识、多媒体软件及应用。希望通过本系列课程的学习，学生们可以了解目前业界流行的、比较好的多媒体知识体系、基础理论知识以及掌握常用的多媒体软件技术，并在此基础上可以较独立地完成一些多媒体作品等。

参加本教程编写的作者包括卞敏捷、高珏、刘杜鹃、马骄阳、佘俊、陶媛、王文、严颖敏、张军英、柴剑飞。

希望广大师生在教材使用过程中提出宝贵意见和建议,以不断完善课程体系和建设内容,为上海大学计算机基础教学水平的提高共同努力,为上海大学双一流学科建设添砖加瓦。

编 者

2019 年 8 月于上海

目　录

第一部分　实　验

第二部分　基　础　题

第三部分　参　考　答　案

第一部分　实　验

实验 1 Premiere 视频处理基础(一)
——视频过渡

1. 实验目的

(1) 熟悉 Premiere 的工作界面。

(2) 掌握 Premiere 的基本操作。

(3) 掌握 Premiere 中视频过渡的制作方法。

2. 相关知识点

(1) 视频过渡是指一段视频或图像素材转场到另一个素材时产生的过渡效果。

(2) 不同的视频过渡效果均可进一步设置参数。

3. 实验内容

利用视频过渡制作风景欣赏片段。

4. 实验步骤

实验所用的素材存放在"实验\素材\实验 1"文件夹中。实验样张存放在"实验\样张\实验 1"文件夹中。

(1) 创建新项目。

① 运行 Premiere 软件,在软件"主页"界面中单击"新建项目"按钮,如图 1-1 所示。

图 1-1 "主页"界面

② 进入"新建项目"对话框,如图 1-2 所示,设置新建项目所保存的名称和位置等参数。

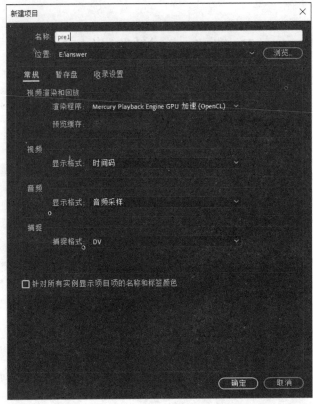

图 1-2 "新建项目"对话框

③ 单击"确定"按钮,即可进入 Premiere 默认的"学习"工作界面,如图 1-3 所示。

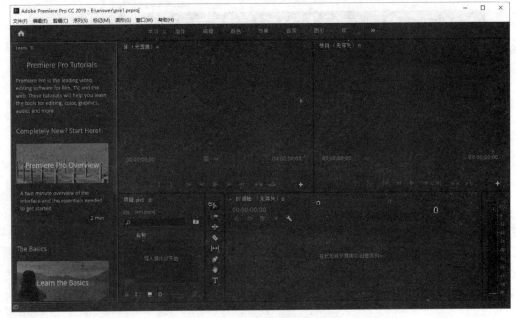

图 1-3 Premiere 默认界面

④ 执行"文件"|"新建"|"序列"命令,打开"新建序列"对话框,如图 1-4 所示。在"序列预设"选项卡中,选择"DV-PAL,标准 48 kHz"选项。单击"确定"按钮,新建一个序列。单击屏幕上方的"编辑"选项卡,将工作界面切换到"编辑"界面,如图 1-5 所示。

图 1-4 "新建序列"对话框

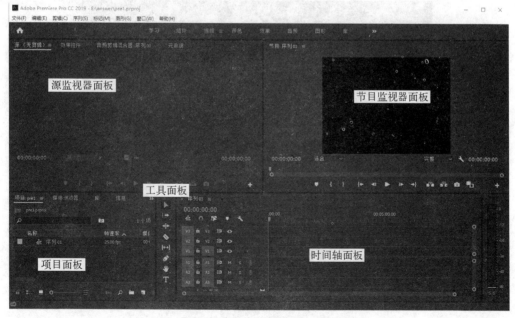

图 1-5 Premiere"编辑"界面

（2）导入素材。执行"文件"|"导入"命令，在打开的"导入"对话框内选择素材文件夹内的
"su1.jpg"～"su5.jpg"文件，将图片导入项目面板中。

（3）修改导入素材名称。在项目面板中右击"su1.jpg"素材，在打开的快捷菜单中选择"重
命名"命令，修改素材名称为"su1"，重复上述操作，结果如图1-6所示。

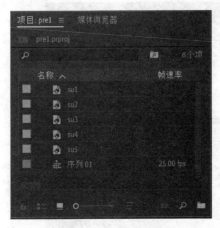

图1-6 项目面板

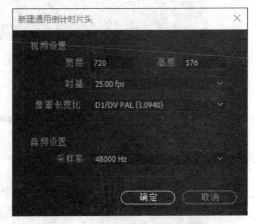

图1-7 "新建通用倒计时片头"对话框

（4）制作倒计时片头。执行"文件"|"新建"|"通用倒计时片头"命令，在打开的"新建通用
倒计时片头"对话框中，如图1-7所示，设置"视频设置"栏中的"宽度""高度"为720,576；"时
基"为25.00 fps；"像素长宽比"为D1/DV PAL(1.0940)。单击"确定"按钮，打开"通用倒计时
设置"对话框，如图1-8所示。使用默认设置，单击"确定"按钮，则在项目面板中创建了一段
"通用倒计时片头"视频。

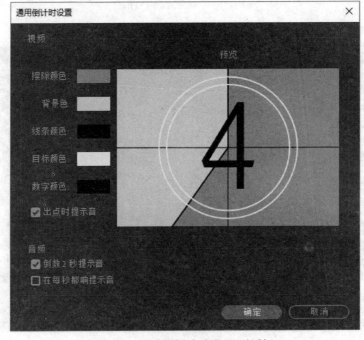

图1-8 "通用倒计时设置"对话框

（5）剪辑整理素材。

① 将"通用倒计时片头"素材从项目面板拖放到时间轴面板的"V1"视频轨道上，起点在 00:00:00:00 帧位置处，如图 1-9 所示。

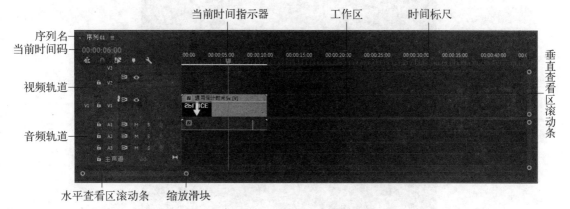

图 1-9　时间轴面板

② 将项目面板中的"su1"素材拖放到"V1"轨道上，起点在 00:00:11:00 帧位置处，右击"su1"素材，在打开的快捷菜单中选择"速度/持续时间"命令，打开"速度/持续时间"对话框，如图 1-10 所示。设置"持续时间"为 00:00:02:00，单击"确定"按钮，剪辑"su1"素材的长度为 2 s。

③ 将项目面板中的"su2"素材拖放到"V1"轨道上，起点在 00:00:13:00 帧位置处，修改"当前时间码"的值为 00:00:15:00，将"当前时间指示器"定位到 15 s 处，利用"工具面板"中的"剃刀工具"，在"V1"轨道的 15 s 处单击，将素材分为两段。利用"选择工具"，选择右侧分离的素材，按 Del 键，删除右侧素材片段，剪辑"su2"素材的长度为 2 s。

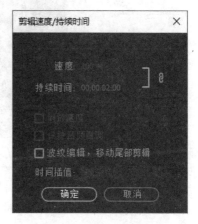

图 1-10　"剪辑速度/持续时间"对话框

④ 按住 Ctrl 键的同时，选择项目面板中的"su3"和"su5"素材，将选中的两个素材拖放到"V1"轨道上，起点在 00:00:15:00 帧位置处。将"当前时间指示器"定位到 17 s 处，利用"工具面板"中的"选择工具"，向左拖动"su3"素材的尾部到 17 s 的"当前时间指示器"处，剪辑"su3"素材的长度为 2 s。

⑤ 按 Ctrl+Z 快捷键，撤销上一步操作。利用"工具面板"中的"波纹编辑工具"，向左拖动"su3"素材的尾部到 17 s 的"当前时间指示器"处，剪辑"su3"素材的长度为 2 s。观察"选择工具"和"波纹编辑工具"操作结果之间的区别。

⑥ 双击项目面板中的"su4"素材，选择并在"源监视器面板"中打开该素材，如图 1-11 所示。将"当前时间指示器"定位到 17 s 处，单击"源监视器面板"中的"插入"按钮，将"su4"素材插入"V1"轨道的"su3"和"su5"素材中间，起点在 00:00:17:00 帧位置处。

⑦ 利用相关工具或命令，修改"su4"和"su5"素材的持续时间为 2 s。

⑧ 再次将项目面板中的"通用倒计时片头"素材拖放到"V1"轨道上，起点在 00:00:21:00 帧位置处。右击"通用倒计时片头"素材，在打开的快捷菜单中选择"速度/持续时间"命令，在

图1-11　源监视器面板

打开的"剪辑速度/持续时间"对话框中，勾选"倒放速度"复选框，观察视频内容的变化。利用相关工具或命令，将"通用倒计时片头"素材持续时间剪辑为3 s。最后效果如图1-12所示。

　　（6）添加视频过渡效果。

　　① 在效果面板中，展开"视频过渡"|"溶解"选项，拖动"白场过渡"过渡效果到"V1"轨道

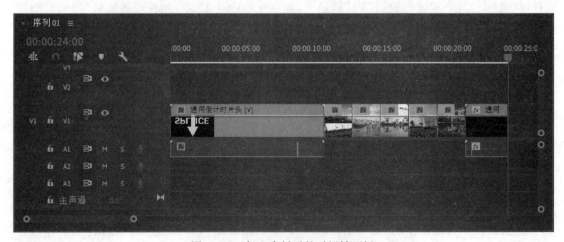

图1-12　加入素材后的时间轴面板

中第一个"通用倒计时片头"素材的结尾处,为其添加视频过渡效果,如图 1 - 13 所示。

图 1 - 13　添加视频过渡效果

② 在时间轴面板中,选择"白场过渡"过渡效果,在左上侧面板区中,单击切换到"效果控件"面板。设置过渡的持续时间为 00:00:03:00,如图 1 - 14 所示。

图 1 - 14　效果控件面板

③ 在右侧"效果"面板中,展开"视频过渡"|"3D 运动"选项,如图 1 - 15 所示。拖动"翻转"过渡效果到"V1"轨道中"su1"和"su2"素材的连接处,为其添加视频过渡效果,如图 1 - 16 所示。

④ 在时间轴面板中,选择"翻转"过渡效果,打开"效果控件"面板。勾选"显示实际源"复选框,可以观察实际画面效果;勾选"反向"复选框,可以实现反向的过渡效果;单击"自定义"按钮,打开"翻转设置"对话框,设置"带"的数量为 2;单击"填充颜色"色块,打开"拾色器"对话框,设置颜色值为♯7799A9,单击"确定"按钮,完成参数修改,如图 1 - 17 所示。

⑤ 将"视频过渡"|"擦除"|"划出"过渡效果拖动到"V1"轨道中"su2"和"su3"素材的连接处,为其添加视频过渡效果。打开"效果控件"面板,设置"边框宽度"为 3,"边框颜色"为粉色(RGB:255,150,150),如图 1 - 18 所示。

图 1 - 15　效果面板

图 1 - 16　V1 视频轨道界面

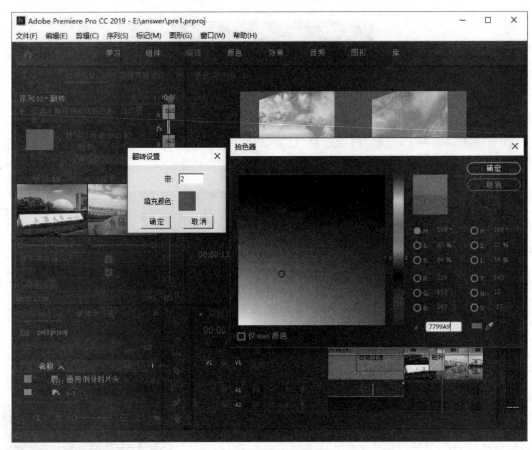

图 1-17 效果控件面板

图 1-18 "划出"过渡效果

⑥ 将"视频过渡"|"沉浸式视频"|"VR 光线"过渡效果拖动到"V1"轨道中"su3"和"su4"素材的连接处,为其添加视频过渡效果。打开"效果控件"面板,如图 1-19 所示,设置相关参数。

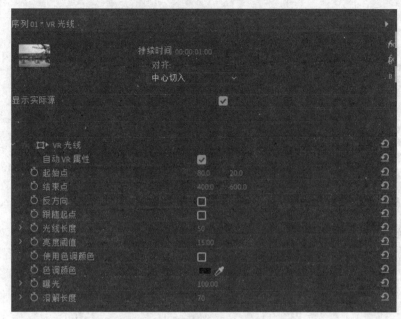

图 1-19 "VR 光线"过渡效果

⑦ 将"视频过渡"|"页面剥落"|"翻页"过渡效果拖动到"V1"轨道中"su4"和"su5"素材的连接处,为其添加视频过渡效果。

⑧ 将"视频过渡"|"缩放"|"交叉缩放"过渡效果拖动到"V1"轨道中第二个"通用倒计时片头"素材的首部,为其添加视频过渡效果。时间轴效果如图 1-20 所示。

图 1-20 时间轴效果图

(7) 单击"节目监视器"面板中的"播放-停止切换"按钮,查看整个视频播放效果。

(8) 执行"文件"|"保存"命令,将项目文件"pre1.prproj"保存到指定文件夹中。

(9) 执行"文件"|"导出"|"媒体"命令,打开"导出设置"对话框。如图 1-21 所示设置相关参数;格式为 H.264;单击"输出名称"右侧,可以在打开的"另存为"对话框中,设置输出的视频文件所保存的文件夹和文件名(本例中文件夹为 E:\answer,文件名为"pre1.mp4")。单击"导出"按钮,输出视频文件"pre1.mp4"。

(10) 在视频播放器中打开上述创建的视频文件,浏览最终效果。最终效果如样张"pre1yz.mp4"所示。

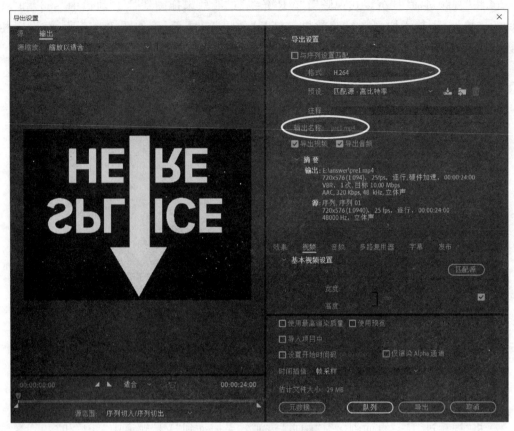

图1-21 "导出设置"对话框

5. 思考题

（1）视频过渡作用的对象必须是视频吗？

（2）不同的视频过渡效果的参数设置方法是否一致？如何进行设置？

（3）用"选择工具""波纹编辑工具""剃刀工具"和"速度/持续时间"命令等工具对素材进行剪辑后的效果是否相同？

实验 2 Premiere 视频处理基础(二)
——视频效果

1. 实验目的

(1) 掌握 Premiere 中向视频、图片等素材添加视频特效的方法。

(2) 掌握 Premiere 中视频效果的设置方法。

(3) 掌握 Premiere 中叠加效果的制作方法。

(4) 掌握 Premiere 中运动效果的制作方法。

2. 相关知识点

(1) 视频效果是指为素材添加特殊的处理,使其呈现丰富多彩的视频效果。

(2) 同一个素材可以添加多个相同和不同的视频效果。

(3) 视频效果的添加和编辑必须与关键帧的建立结合起来。

(4) 键控又称"抠像",即将前景素材中某一区域透明化以显示背景素材相应区域。

(5) 关键帧是时间轴上的关键时间节点,在这些节点上可以对素材进行各种参数设置。

3. 实验内容

(1) 为素材添加视频效果。

(2) 利用颜色键控实现颜色抠像效果。

(3) 利用关键帧控制素材的运动效果。

4. 实验步骤

实验所用的素材存放在"实验\素材\实验 2"文件夹中。实验样张存放在"实验\样张\实验 2"文件夹中。

(1) 创建新项目。运行 Premiere 软件,在软件主页界面中单击"新建项目"按钮,进入"新建项目"对话框。在"名称"文本框中设置文件名为"pre2",在"位置"文本框中输入新建项目所保存的文件夹,其他为默认设置。单击"确定"按钮,进入 Premiere 工作界面。

(2) 导入素材。执行"文件"|"导入"命令,将素材文件夹内的"极限运动.mp4""极.jpg""限.jpg""运.jpg"和"动.jpg"素材导入项目面板中,单击两次项目面板中的素材文件名,修改素材名称为"极限运动""极""限""运"和"动"。

(3) 创建新序列。将项目面板中的"极限运动"素材拖放到时间轴面板中,即可创建一个以素材"极限运动"命名的序列,序列参数自适应素材参数。素材插入"V1"轨道中,起始时间在 00:00:00:00 帧位置处。

(4) 为"极限运动"素材添加光晕追踪视频效果。

① 添加"光照效果"特效。在"效果"面板中,展开"视频效果"|"调整"选项,拖动"光照效果"特效到"V1"轨道中的"极限运动"素材上。

②调整参数。选择"极限运动"素材,在"效果控制"面板中,单击"光照效果"左侧的 ▶ 按钮,展开"光照效果"选项,将"环境光照强度"参数设置为 15。

③为"光照 1"选项中的"中央"选项添加第一个关键帧。在时间轴面板中,调整"当前时间显示器"到 00:00:00:00 帧位置处。展开"光照 1"选项,单击"中央"选项左侧的"切换动画" ⏱ 按钮添加关键帧,并设置参数值为(315,130)。

④为"光照 1"选项中的"中央"选项添加第二个关键帧。调整"当前时间显示器"到 00:00:02:15 帧位置处,单击"中央"选项右侧的"添加/移除关键帧" ◆ 按钮添加关键帧,并修改参数值为(360,380)。

⑤为"光照 1"选项中的"中央"选项添加第三和第四个关键帧。调整"当前时间显示器"到 00:00:04:11 帧位置处,并设置参数值为(490,220);调整"当前时间显示器"到 00:00:08:05 帧位置处,并设置参数值为(320,230)。修改参数值的同时,系统将自动添加一个关键帧,如图 2-1 所示。

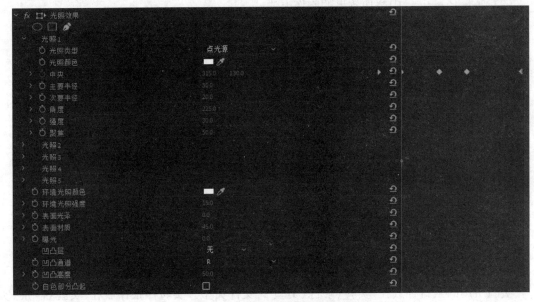

图 2-1　设置"光照效果"特效

(5)导出静止帧。

①调整"当前时间显示器"到 00:00:02:22 帧位置处。执行"文件"|"导出"|"媒体"命令,在打开的"导出设置"对话框中修改导出"格式"为 JPEG;单击"输出名称"右侧,在打开的"另存为"对话框中,设置在指定的文件夹中保存静止帧画面,文件名为"静止帧.jpg";在"视频"栏中取消勾选"导出为序列"复选框,如图 2-2 所示。

②单击"导出"按钮,在指定文件夹中导出静止帧画面。然后,将导出的"静止帧.jpg"导入项目面板中,修改名称为"静止帧"。

(6)插入并剪辑"静止帧"。

①分离"极限运动"视频素材。调整"当前时间显示器"到 00:00:02:22 帧位置处。利用工具面板中的"剃刀工具"将"极限运动"视频素材分为两段。分离后的两段视频素材持续时间分别为 2 s 22 帧和 5 s 09 帧。

②插入"静止帧"素材。双击项目面板中的"静止帧"素材,选择并在"源监视器面板"中打

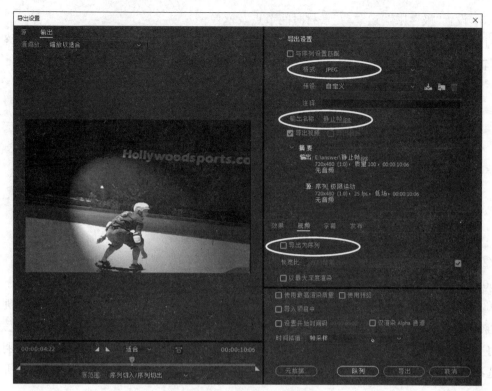

图 2-2　导出静止帧画面

开该素材,单击"源监视器面板"中的"插入" 按钮,将"静止帧"素材插入分离开的两段视频中间,起点在 00:00:02:22 帧位置处。

　　③ 剪辑利用工具面板中的"波纹编辑工具",通过拖动素材的边缘设置持续时间为 2 s,并使各素材之间首尾相连。

　　(7) 为"静止帧"素材添加"复制"和"查找边缘"视频效果。在"效果"面板中,展开"视频效果"|"风格化"选项,分别拖动"复制"和"查找边缘"效果到"V1"轨道中的"静止帧"素材上,效果如图 2-3 所示。

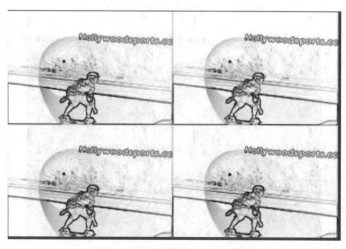

图 2-3　应用效果后的效果图

（8）设置"极""限""运""动"素材时间节点及抠像。

① 将项目面板中的"极"素材拖放到"V2"轨道上，起点在 00:00:01:00 帧位置处，终点与"V1"轨道素材总时间相等，如图 2-4 所示。

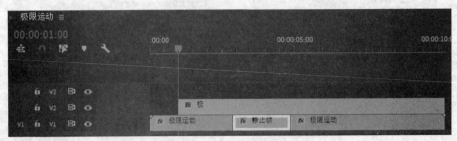

图 2-4　插入"极"素材后的时间轴面板

② 选择"V2"轨道中的"极"素材，在"效果控制"面板中，展开"运动"选项，设置"缩放"值为 200。

③ 在"效果"面板中，展开"视频效果"|"键控"选项，拖动"颜色键"效果到"V2"轨道中"极"素材上，为其添加一个颜色键效果。选择"极"素材，在"效果控制"面板中展开"颜色键"选项，将"主要颜色"参数设置为纯蓝色（RGB：0，0，255），调整"颜色容差""边缘细化"和"羽化边缘"选项值，如图 2-5 所示。设置完毕后，在"节目监视器"面板中查看效果，如图 2-6 所示。

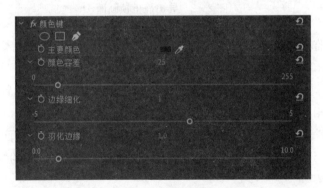

图 2-5　设置"颜色键"效果

图 2-6　"颜色键"应用后的效果

④ 与处理"极"素材类似,将"限""运""动"素材拖放到"V3""V4""V5"轨道上,起点分别在 00:00:03:00,00:00:05:00 和 00:00:07:00 帧位置处,终点与"极"素材一致,如图 2-7 所示。分别设置"缩放"值为 200;分别为素材添加"颜色键"效果,并抠除蓝色背景。

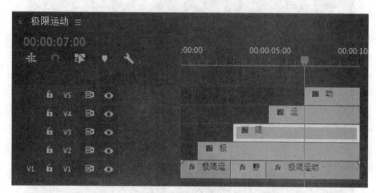

图 2-7 加入多个素材后的时间轴面板

(9) 设置"极""限""运""动"素材运动和透明效果。

① 对"极"素材设置效果。在时间轴面板中,调整"当前时间显示器"到 00:00:03:00 帧位置处。选择"极"素材,在"效果控制"面板中展开"运动"和"不透明度"选项。分别单击"位置""缩放"左侧的"切换动画"按钮和"不透明度"右侧的"添加/移除关键帧"按钮添加关键帧,如图 2-8 所示。调整"当前时间显示器"到 00:00:01:00 帧位置处。在"效果控制"面板中将"位置"参数值设置为(400,0),"缩放"参数值设置为 500,"不透明度"参数值设置为 0%,系统将自动添加关键帧,如图 2-9 所示。

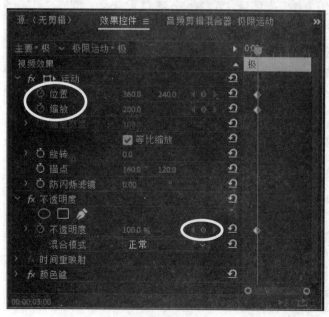

图 2-8 对"极"素材 3 s 处设置关键帧

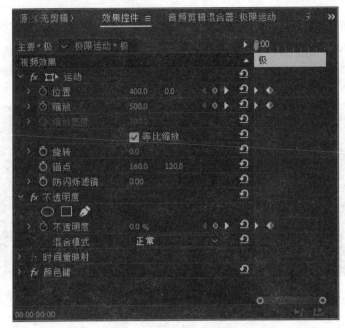

图 2-9　对"极"素材 1 s 处设置关键帧

　　② 对"限"素材设置效果。在时间轴面板中,调整"当前时间显示器"到 00:00:05:00 帧位置处。选择"限"素材,在"效果控制"面板中展开"运动"和"不透明度"选项。单击"位置""缩放"和"旋转"左侧的"切换动画"按钮和"不透明度"右侧的"添加/移除关键帧"按钮添加关键帧,如图 2-10 所示。调整"当前时间显示器"到 00:00:03:00 帧位置处。在"效果控制"面板中将"位置"参数值设置为(700,650),"缩放"参数值设置为 800,"旋转"参数值设置为 360,"不透明度"参数值设置为 0%,系统将自动添加关键帧,如图 2-11 所示。

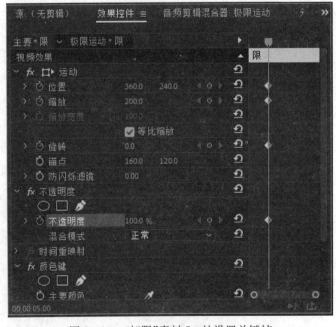

图 2-10　对"限"素材 5 s 处设置关键帧

图 2-11 对"限"素材 3 s 处设置关键帧

③ 对"运"素材设置效果。在时间轴面板中,调整"当前时间显示器"到 00:00:07:00 帧位置处。选择"运"素材,在"效果控制"面板中展开"运动"和"不透明度"选项。单击"缩放"和"旋转"左侧的"切换动画"按钮和"不透明度"右侧的"添加/移除关键帧"按钮添加关键帧,如图 2-12 所示。调整"当前时间显示器"到 00:00:05:00 帧位置处。在"效果控制"面板中将"缩放"参数值设置为 50,"旋转"参数值设置为-720,"不透明度"参数值设置为 0%,系统将自动添加关键帧,如图 2-13 所示。

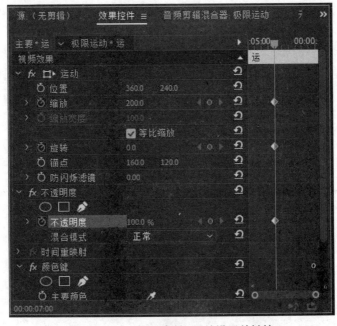

图 2-12 对"运"素材 7 s 处设置关键帧

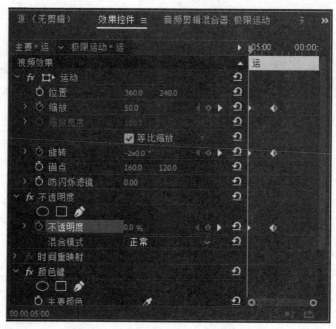

图 2-13　对"运"素材 5 s 处设置关键帧

④ 对"动"素材设置效果。在时间轴面板中,调整"当前时间显示器"到 00:00:09:00 帧位置处。选择"动"素材,在"效果控制"面板中展开"运动"和"不透明度"选项。单击"位置""缩放"左侧的"切换动画"按钮和"不透明度"右侧的"添加/移除关键帧"按钮添加关键帧,如图 2-14 所示。调整"当前时间显示器"到 00:00:07:00 帧位置处。在"效果控制"面板中将"位置"参数值设置为(130,600),"缩放"参数值设置为 600,"不透明度"参数值设置为 0%,系统将自动添加关键帧,如图 2-15 所示。

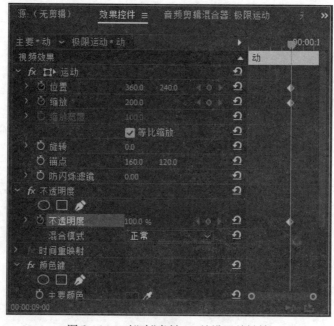

图 2-14　对"动"素材 9 s 处设置关键帧

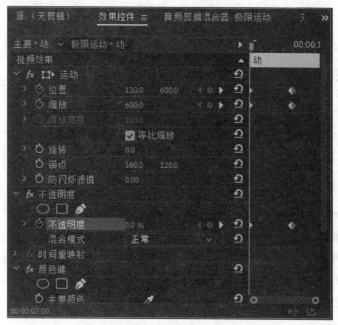

图 2-15 对"动"素材 7 s 处设置关键帧

（10）单击"节目监视器"面板中的"播放-停止切换"按钮，查看整个视频播放效果。

（11）执行"文件"|"保存"命令，将项目文件"pre2.prproj"保存到指定文件夹中。

（12）执行"文件"|"导出"|"媒体"命令，将影片以"pre2.mp4"为文件名输出到指定文件夹中。

（13）在视频播放器中打开上述创建的视频文件，浏览最终效果。最终效果如样张"pre2yz.mp4"所示。

5. 思考题

（1）关键帧在运动效果上的作用是什么？

（2）如何添加/修改/删除关键帧？

（3）为了实现抠像的效果，应采用哪些颜色作为键控颜色？

实验 3　Premiere 视频处理基础(三)
——字幕的制作

1. 实验目的
(1) 掌握 Premiere 中各种效果和过渡的叠加使用方法。

(2) 掌握 Premiere 中各种字幕的制作方法。

(3) 掌握 Premiere 中字幕属性的设置方法。

2. 相关知识点
(1) 字幕的创建与修改。

(2) 字幕的叠加。

3. 实验内容
(1) 制作水墨画。

(2) 制作画轴展开效果。

(3) 创建开放式字幕。

(4) 利用文字工具创建字幕。

(5) 利用旧版标题创建字幕。

(6) 创建特殊路径字幕。

4. 实验步骤
实验所用的素材存放在"实验\素材\实验 3"文件夹中。实验样张存放在"实验\样张\实验 3"文件夹中。

(1) 创建新项目。

① 运行 Premiere 软件,在软件主页界面中单击"新建项目"按钮,进入"新建项目"对话框。在"名称"文本框中设置文件名为"pre3",在"位置"文本框中输入新建项目所保存的文件夹,其他为默认设置。单击"确定"按钮,进入 Premiere 工作界面。

② 执行"文件"|"新建"|"序列"命令,在打开的"新建序列"对话框中,选择"设置"选项卡进行自定义各项参数设置,其中"编辑模式"设置为自定义,"时基"为 25.00 fps;"视频"栏中设置"帧大小"为 800×450,"像素长宽比"为方形像素(1.0),"场"为无场(逐行扫描),"显示格式"为 25 fps 时间码;"音频"栏中设置"采样率"为 48 000 Hz,"显示格式"为音频采样;其他参数采用默认设置,单击"确定"按钮,新建一个序列,如图 3 - 1 所示。

(2) 导入素材文件。执行"文件"|"导入"命令,将素材文件夹内的"画.jpg""轴.png"文件导入项目面板中,并修改素材名称为"画"和"轴"。

(3) 新建颜色遮罩。执行"文件"|"新建"|"颜色遮罩"命令,打开"新建颜色遮罩"对话框,参数设置如图 3 - 2 所示。单击"确定"按钮,打开"拾色器"对话框,设置遮罩颜色

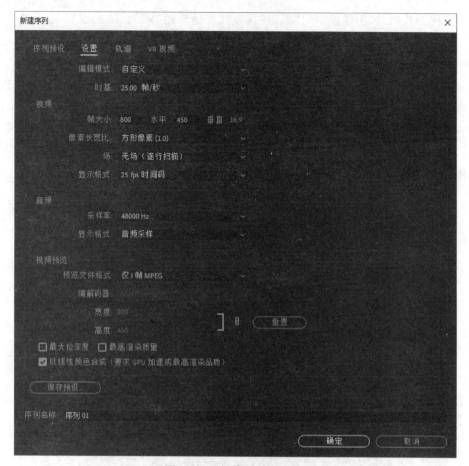

图 3-1　"新建项目"对话框

（♯D08C1E）。单击"确定"按钮，打开"选择名称"
对话框，设置新遮罩的名称为"背景"，单击"确定"
按钮，在项目面板中新建一个颜色遮罩。

（4）整理素材。

① 将项目面板中的"背景"拖放到"V1"轨道
上，起点在 00:00:00:00 帧位置处，持续时间为 6 s。

② 将项目面板中的"画"分别拖放到"V2"
"V3"轨道上，起点在 00:00:00:00 帧位置处，持续
时间为 6 s。

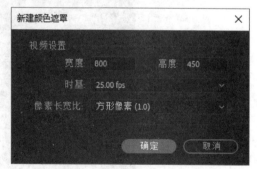

图 3-2　"新建颜色遮罩"对话框

③ 将项目面板中的"轴"拖放到"V4"轨道上，起点在 00:00:00:00 帧位置处，持续时间
为 6 s。

④ 选择"轴"素材，在"效果控制"面板中设置"缩放"值为 58，修改轴的大小。设置"位置"
参数值，调整轴的位置到画的左侧。

（5）设置"画"的水墨画效果。

① 隐藏"V3"轨道上"画"素材。单击"V3"轨道上的"切换轨道输出"按钮，使按钮从 █ 图
标转换为 █ 图标，隐藏该轨道中的素材输出。

② 将"视频效果"|"图像控制"|"黑白"视频效果拖放到"V2"轨道的素材上。

③ 将"视频效果"|"风格化"|"查找边缘"视频效果拖放到"V2"轨道的素材上。在"效果控制"面板中设置"与原始图像混合"值为80%。

④ 将"视频效果"|"调整"|"色阶"视频效果拖放到"V2"轨道的素材上。在"效果控制"面板中设置"(RGB)输入黑色阶"值为40。

⑤ 将"视频效果"|"模糊与锐化"|"高斯模糊"视频效果拖放到"V2"轨道的素材上。在"效果控制"面板中设置"模糊度"值为3。"V2"轨道上的素材视频效果设置完成后"效果控制"面板如图3-3所示。

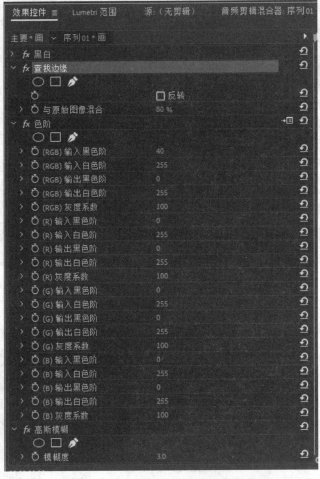

图3-3 "V2"轨道上素材的视频效果

⑥ 显示"V3"轨道上"画"素材。单击"V3"轨道上的"切换轨道输出"按钮,显示该轨道中的素材。

⑦ 将"视频效果"|"图像控制"|"黑白"视频效果拖放到"V3"轨道的素材上。

⑧ 将"视频效果"|"颜色校正"|"亮度与对比度"视频效果拖放到"V3"轨道的素材上。在"效果控制"面板中设置"亮度"值为22,"对比度"值为-8。

⑨ 将"视频效果"|"模糊与锐化"|"高斯模糊"视频效果拖放到"V3"轨道的素材上。在"效果控制"面板中设置"模糊度"值为40。

⑩ 在"效果面板"中设置"V3"轨道上"画"素材的"不透明度"值为50%，"混合模式"为线性加深。"V3"轨道上的素材视频效果设置完成后"效果控制"面板如图3-4所示。设置水墨画的最终效果如图3-5所示。

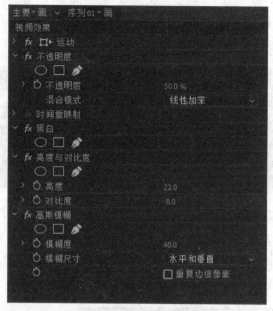

图3-4 "V3"轨道上素材的视频效果

图3-5 水墨画效果图

（6）创建画轴展开视频。

① 将"视频过渡"|"擦除"|"划出"视频过渡效果添加到"V2""V3"轨道的"画"素材的起点处，完成画展开的效果。

② 在"V4"轨道的"切换轨道输出"按钮右侧空白处右击，在打开的快捷菜单中选择"添加单个轨道"命令，在"V4"轨道上方添加一个"V5"轨道。

③ 右击"V4"轨道中的"轴"素材，在打开的快捷菜单中选择"复制"命令，在时间轴面板上单击"V5"轨道中的"以此轨道为目标切换轨道"按钮 V5 ，同时取消其他轨道此按钮的选择，

调整"当前时间显示器"到 00:00:00:00 帧位置处,执行"编辑"|"粘贴"命令,将轴素材复制到"V5"轨道上,起点在 00:00:00:00 帧位置处,持续时间为 6 s。

④ 设置右画轴在 0 和 1 s 处的位置。选择"V5"轨道中"轴"素材,在 00:00:00:00 帧位置处,在"效果控件"面板中为"位置"参数添加关键帧,适当调整"位置"参数 X 轴的值,使左右画轴平行显示。在 00:00:01:00 帧位置处,为"位置"参数添加关键帧,适当调整"位置"参数 X 轴的值,使右画轴显示在画的右侧,如图 3-6 所示。

图 3-6　调整"位置"参数 X 轴的值

⑤ 设置右画轴 0～1 s 之间的位置。选择"V5"轨道中"轴"素材,在"效果控件"面板中为"位置"参数的适当时间添加关键帧,并适当调整"位置"参数 X 轴的值,如图 3-7 所示,使画轴和画的展开在时间上相吻合。画轴展开最终效果如图 3-8 所示。

图 3-7　右画轴"位置"关键帧设置

图 3-8　画轴展开效果图

(7) 创建开放式字幕。

① 执行"文件"|"新建"|"字幕"命令,打开"新建字幕"对话框,在该对话框的"标准"下拉列表框中选择"开放式字幕"选项,其他参数设置如图 3-9 所示。单击"确定"按钮,在项目面

板中新建一个字幕。

② 在项目面板中右击该字幕,在打开的快捷菜单中选择"重命名"命令,修改字幕名称为"开放式字幕"。

③ 将该字幕从项目面板中拖放到"V5"轨道上方,系统自动添加一个"V6"轨道,起点在00:00:00:00帧位置处。

④ 双击项目面板中的字幕,打开"字幕"面板,调整"字幕"面板的宽度,显示面板中的所有参数,如图3-10所示。

⑤ 在字幕文本框中输入"校园风光";将"入点"设置为00:00:01:00;"出点"设置为00:00:06:00,以确定字幕起点在00:00:01:00帧位置处,终点在00:00:05:24帧位置处,持续时间为5 s。

图3-9 新建开放式字幕

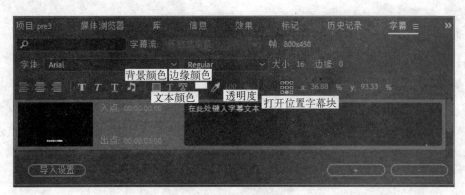

图3-10 字幕面板

⑥ 设置字体格式为黑体;"大小"设置为80。选择"文本颜色"按钮,单击"颜色"色块,打开"拾色器"对话框,设置字体颜色为黄色(♯FFD800);选择"背景颜色"按钮,设置背景透明度为0%,去除字幕的黑色背景;选择"边缘颜色"按钮,"边缘"设置为3,颜色设置为红色,为字体添加红色描边效果。单击"打开位置字幕块"按钮的左上方方块,将字幕对齐到屏幕左上方。设置完成的字幕面板如图3-11所示。

图3-11 设置完成的字幕面板

⑦ 将"视频过渡"|"溶解"|"叠加溶解"视频过渡效果添加到字幕素材的起点处,在"效果"面板中设置持续时间为 2 s。

(8) 利用文字工具创建字幕。

① 调整"当前时间显示器"到 00:00:02:00 帧位置处。选择工具面板中的"文字工具",在"节目监视器"面板中单击,创建文字插入点,同时在"V6"轨道上方自动添加一个轨道,并插入文字图层,起始点在 00:00:02:00 帧位置处,输入竖排文字"自强不息",设置持续时间为 4 s。

② 单击屏幕上方的"图形"选项卡,将工作界面切换到"图形"界面。选择字幕,在"基本图形"面板中单击"编辑"选项卡,切换到文字编辑界面,单击"自强不息"字样,展开图形编辑面板。修改字体格式:大小合适、STXingkai、红色,如图 3-12 所示。

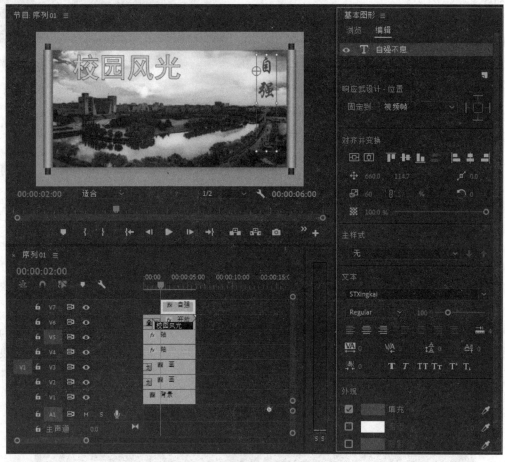

图 3-12 利用文字工具创建字幕

③ 选择字幕,执行"编辑"|"复制"/"粘贴"命令,复制一个字幕,并移动到合适的位置。如图 3-13 所示。

④ 将"视频过渡"|"擦除"|"径向擦除"视频过渡效果添加到字幕素材的起点处,在"效果面板"中设置持续时间为 2 s。

(9) 利用旧版标题创建字幕。

① 执行"文件"|"新建"|"旧版标题"命令,打开"新建字幕"对话框,在该对话框中设置字

图 3 - 13　复制字幕

幕的尺寸为 800×450,名称为"旧版标题",单击"确定"按钮,打开字幕设计窗口,如图 3 - 14 所示。

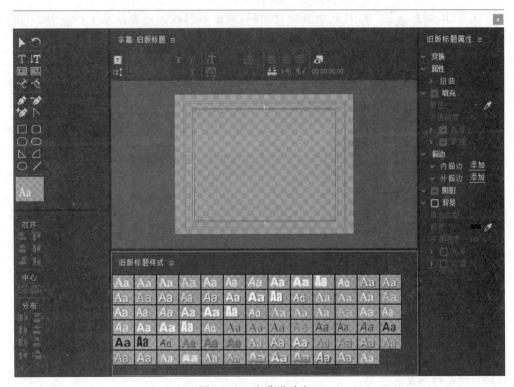

图 3 - 14　字幕设计窗口

② 选择工具栏中的"文字工具",在字幕设计窗口的矩形框内单击并输入"XXX 制作" (XXX 为学生本人姓名),在右侧"旧版标题属性"面板内设置字体(必须正确显示学生姓名)、字号、间距、颜色、屏幕下方水平居中等,也可以在"旧版标题样式"面板中给字幕添加样式,单击"显示背景视频"按钮 📷 查看整体效果,如图 3 - 15 所示。设置完毕后,单击右上角"关闭"按钮,回到 Premiere 主界面。

图 3 - 15　字幕效果

③ 将"旧版标题"字幕从项目面板中拖放到"V7"轨道上方,在"V7"轨道上方自动添加一个轨道,设置起点在 00:00:00:00 帧位置处,持续时间为 6 s。

④ 双击"旧版标题"字幕,打开字幕设计窗口,将字幕修改为向左滚动字幕。单击"滚动/游动选项"按钮 ,打开"滚动/游动选项"对话框。在"字幕类型"选项中选择"向左游动"按钮,在"定时(帧)"栏中,勾选"开始于屏幕外"和"结束于屏幕外"复选框,如图 3 - 16 所示。单击"确定"按钮,返回字幕设计窗口,单击"关闭"按钮,回到 Premiere 主界面,完成向左游动字幕设置,可在"节目监视器"面板中查看最终效果。

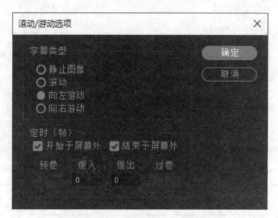

图 3 - 16　"滚动/游动选项"窗口

(10) 创建特殊路径字幕。

① 执行"文件"|"新建"|"旧版标题"命令,打开"新建字幕"对话框,在该对话框中设置字幕的尺寸为 800×450,名称为"特殊路径字幕",单击"确定"按钮,打开字幕设计窗口。

② 选择工具栏中的"路径文字工具"按钮,在字幕设计窗口的矩形框内单击生成文字路径的各个顶点,完成后选择"文字工具"按钮,在路径的起始顶点处单击,然后输入字幕文字,并在右侧字幕属性面板内设置字体、字号、间距、颜色等,如图 3 - 17 所示。设置完毕后,单击"关闭"按钮,回到 Premiere 主界面。

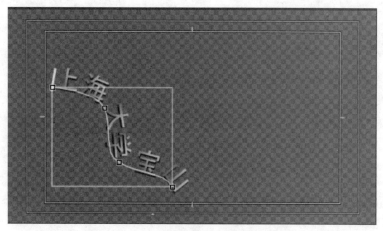

图 3-17 特殊路径字幕设计窗口

③ 将"特殊路径字幕"从项目面板中拖放到"V8"轨道上方,起点在 00:00:02:00 帧位置处,持续时间为 4 s,最终效果如图 3-18 所示。

图 3-18 特殊路径字幕最终效果图

(11) 单击"节目监视器"面板中的"播放-停止切换"按钮,查看整个视频播放效果。

(12) 执行"文件"|"保存"命令,将项目文件"pre3.prproj"保存到指定文件夹中。

(13) 执行"文件"|"导出"|"媒体"命令,将影片以"pre3.mp4"为文件名输出到指定文件夹中。

(14) 在视频播放器中打开上述创建的视频文件,浏览最终效果。最终效果如样张"pre3yz.mp4"所示。

5. 思考题

(1) 字幕如何作为素材文件进行保存?

(2) 字幕文件如何叠加在视频或静态背景上?

(3) 创建字幕有几种方式? 简述各方法的优缺点。

实验 4 Premiere 视频处理基础(四)
——综合实例

1. 实验目的

掌握 Premiere 中各种技术手段综合应用的制作方法。

2. 相关知识点

(1) 视频过渡的应用。

(2) 视频效果的应用。

(3) 关键帧的应用。

3. 实验内容

(1) 制作倒计时片头。

(2) 剪辑整理视频素材。

(3) 添加视频过渡实现不同画面之间的切换。

(4) 添加视频效果为画面添加不同的特效。

(5) 添加音频素材并进行编辑。

4. 实验步骤

实验所用的素材存放在"实验\素材\实验 4"文件夹中。实验样张存放在"实验\样张\实验 4"文件夹中。

(1) 创建新项目。运行 Premiere 软件,在软件主页界面中单击"新建项目"按钮,进入"新建项目"对话框。在"名称"文本框中设置文件名为"pre4",在"位置"文本框中输入新建项目所保存的文件夹,其他为默认设置。单击"确定"按钮,进入 Premiere 工作界面。

(2) 新建序列。执行"文件"|"新建"|"序列"命令,在打开的"新建序列"对话框中,选择"设置"选项卡进行自定义各项参数设置。"编辑模式"设置为自定义,"时基"为 25.00 fps;"视频"栏中设置"帧大小"为 1 920×1 080,"像素长宽比"为方形像素(1.0),"场"为无场(逐行扫描),"显示格式"为 25 fps 时间码;"音频"栏中设置"采样率"为 48 000 Hz,"显示格式"为音频采样;其他参数采用默认设置,单击"确定"按钮,新建一个序列。

(3) 制作倒计时片头。

① 执行"文件"|"新建"|"旧版标题"命令,打开"新建字幕"对话框,在该对话框中设置字幕的尺寸为 1 920×1 080,名称为"背景图形白色",单击"确定"按钮,打开字幕设计窗口。

② 单击"显示背景视频"按钮,在字幕设计窗口中隐藏视频轨道中的背景。

③ 选择工具栏中的"椭圆工具",在字幕设计窗口的矩形框内,按住 Shift 键的同时拖拽鼠标,绘制一个白色正圆。在工具栏的"中心"栏中,单击"垂直居中对齐"和"水平居中对齐"按钮,将绘制的圆放置到屏幕正中。

④ 在"旧版标题属性"面板中,单击"描边"栏"外描边"右侧的"添加"按钮,为圆添加黑色描边。取消勾选"填充"复选框。绘制一个黑色圆环。利用"复制"/"粘贴"命令,复制一个圆环,按住 Alt+Shift 键进行中心缩放,绘制另一个圆环。

⑤ 选择工具栏中的"直线工具",按住 Shift 键绘制一条水平黑色直线。在"旧版标题属性"面板中,在"变换"栏中设置线条"宽度"为 1 920,在"属性"栏中设置线条"线宽"为 10,将线条放置到屏幕正中。利用"复制"/"粘贴"命令,复制一条直线,在"变换"栏中设置线条"旋转"90°、"宽度"为 1 080,居中放置。

⑥ 选择工具栏中的"矩形工具",绘制一个矩形。设置矩形大小为 1 920×1 080,填充颜色为白色,居中放置。右击矩形,在打开的快捷菜单中选择"排列"|"移到最后"命令,将矩形放置到最底层。最终效果如图 4-1 所示。

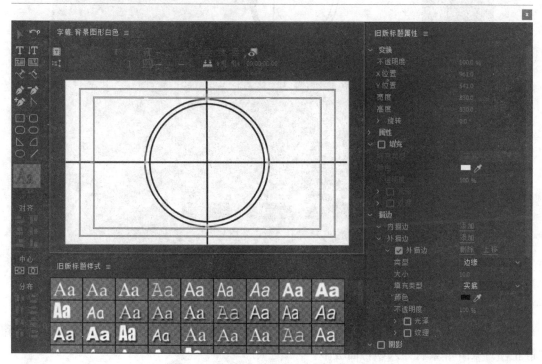

图 4-1 绘制"背景图形白色"图形效果图

⑦ 单击字幕设计窗口中的"基于当前字幕新建字幕"按钮,打开"新建字幕"对话框,修改新建字幕名称为"背景图形灰色",单击"确定"按钮,新建一个字幕。修改原白色背景颜色为灰色(♯A0A0A0),修改黑色圆环和直线颜色为白色。关闭字幕设计窗口,完成背景图形的绘制。

⑧ 新建一个名称为"3"的字幕,内容为数字 3,字体格式为微软雅黑、大小合适、黑色、倾斜15°、居中放置。在字幕"3"的基础上,利用"基于当前字幕新建字幕",新建两个字幕"2"和"1"。设置完毕后,单击右上角"关闭"按钮,回到 Premiere 主界面。

⑨ 将项目面板中的"背景图形白色"字幕拖放到"V1"轨道上,起点在 00:00:00:00 帧位置处,持续时间为 1 s;将项目面板中的"背景图形灰色"字幕拖放到"V2"轨道上,起点在 00:00:00:00 帧位置处,持续时间为 1 s;将"视频过渡"|"擦除"|"时钟式擦除"视频过渡效果拖放到"V2"轨道的"背景图形灰色"字幕上。复制"V1"和"V2"轨道中的字幕,分别在 00:00:01:00

和 00:00:02:00 帧位置处插入字幕。

⑩ 按住 Shift 键,在项目面板中依次选择"3""2""1"字幕,并将字幕从项目面板中拖放到"V3"轨道上,起点在 00:00:00:00 帧位置处,持续时间为 1 s,字幕之间首尾相连。最终效果如图 4-2 所示。

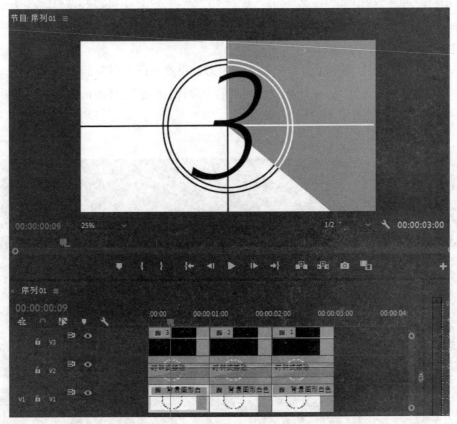

图 4-2 倒计时片头效果图

（4）导入视频和图像素材。执行"文件"|"导入"命令,将素材文件夹内的"视频.mp4"和"静止帧背景.jpg"素材导入项目面板中。

（5）剪辑整理素材。

① 将项目面板中的"视频.mp4"素材拖放到"V3"轨道上方的空白处,系统自动添加一个"V4"视频轨道。将视频素材放置到 00:00:00:00 帧位置处。

② 调整"当前时间显示器"到 00:00:27:00 帧位置处。执行"文件"|"导出"|"媒体"命令,在打开的"导出设置"对话框中修改导出"格式"为 JPEG;单击"输出名称"右侧,在打开的"另存为"对话框中,设置在指定的文件夹中保存静止帧画面,文件名为"静止帧人物.jpg";在"视频"栏中取消勾选"导出为序列"复选框。

③ 单击"导出"按钮,在指定文件夹中导出静止帧画面。然后,将导出的"静止帧人物.jpg"导入项目面板中。

④ 调整"当前时间显示器"到 00:00:06:00 帧位置处,选择工具面板中的"剃刀工具",单击00:00:06:00 帧位置处,截取前 6 s 的视频素材。分别将"当前时间显示器"调整到 00:00:06:03,

00:00:07:07,00:00:32:22,00:00:39:14 帧位置处,利用"剃刀工具"对素材进行剪切,保留"视频.mp4"素材中的 0～6 s,6:03～7:07 s,32:22～39:14 s 的视频片段。将其余视频片段删除。

⑤ 将截取的 3 段素材拖放到"V2"轨道中,起点在 00:00:03:00 帧位置处,素材之间首尾相连。

⑥ 调整"当前时间显示器"到 00:00:10:02 帧位置处,单击"V2"轨道左侧的"对插入和修改进行源修补"按钮。双击项目面板中的"静止帧人物.jpg"素材,选择并在"源监视器面板"中打开该素材。单击"源监视器面板"中的"插入"按钮,将"静止帧人物.jpg"素材插入"V2"轨道中,起点在 00:00:10:02 帧位置处,右侧素材向右顺移。调整该素材的持续时间为 1 s。

⑦ 将项目面板中的"静止帧背景.jpg"素材拖放到"V1"轨道上,起点在 00:00:10:02 帧位置处,调整该素材的持续时间为 1 s。整理素材完成后时间轴面板效果如图 4-3 所示。

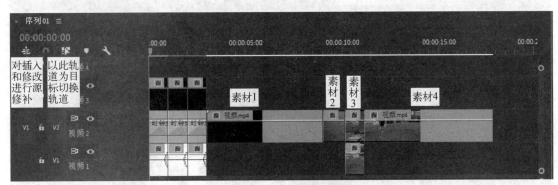

图 4-3　初始素材整理后时间轴面板效果图

(6) 如图 4-3 所示,为素材 1 中奔跑的人物脸部添加局部马赛克视频效果。

① 右击素材 1,在打开的快捷菜单中选择"复制"命令,在时间轴面板上单击"V3"轨道中的"以此轨道为目标切换轨道"按钮,同时取消其他轨道中此按钮的选择,调整"当前时间显示器"到 00:00:03:00 帧位置处,执行"编辑"|"粘贴"命令,将素材复制到"V3"轨道上,起点在 00:00:03:00 帧位置处,持续时间为 6 s,与"V2"轨道上的素材 1 相重叠。

② 执行"文件"|"新建"|"旧版标题"命令,新建一个名称为"椭圆"的字幕。在字幕设计窗口中,利用工具栏中的"椭圆工具",创建一个比人物脸部略大的椭圆。绘制完毕后,单击右上角"关闭"按钮,回到 Premiere 主界面。

③ 将项目面板中的"椭圆"字幕拖放到"V4"轨道上,起点在 00:00:03:00 帧位置处,持续时间为 6 s。时间轴面板效果如图 4-4 所示。

④ 调整"当前时间显示器"到 00:00:04:00 帧位置处,选择"V4"轨道上的圆形,打开"效果控件"面板,调整"位置"和"缩放"参数值,使得椭圆正好遮盖住人物的脸部,然后单击"位置"和"缩放"参数左侧的"切换动画"按钮,添加关键帧,如图 4-5 所示。

⑤ 移动"当前时间显示器"位置,观察画面状态,当人脸露出椭圆时,适当调整"位置"或者"缩放"参数值,则系统会自动添加关键帧。重复上述步骤,使得在整个视频播放时间段中,椭圆始终遮住人物的脸部。

⑥ 单击"V2"轨道上的"切换轨道输出"按钮 ◉ ,隐藏"V2"轨道的输出。将"键控"|"轨道遮罩键"拖放到"V3"轨道的素材 1 上,在"效果控件"面板中设置"轨道遮罩键"效果中的"遮罩"值为"视频 4",效果如图 4-6 所示。

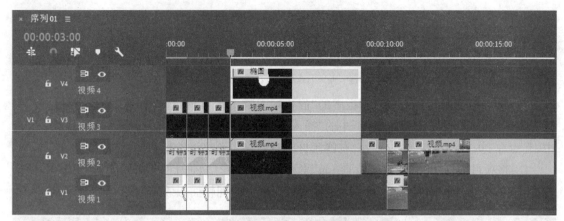

图 4-4　插入叠加素材后时间轴面板效果图

图 4-5　设置遮罩初始位置

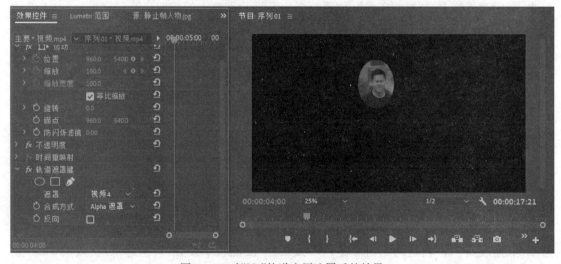

图 4-6　对"V3"轨道应用遮罩后的效果

⑦ 将"视频效果"|"风格化"|"马赛克"视频效果拖放到
"V3"轨道的素材上,在"效果控件"面板中设置"马赛克"效
果中的"水平块"和"垂直块"参数值为 50,如图 4-7 所示。

⑧ 再次单击"V2"轨道上的"切换轨道输出"按钮 ,显示
"V2"轨道的输出。可在"节目监视器"面板中查看最终效果。

(7) 为素材 2 设置倒放效果。右击素材 2,在打开的快
捷菜单中选择"速度/持续时间"命令,在打开的"剪辑速度/
持续时间"对话框中,勾选"倒放速度"复选框,单击"确定"
按钮,完成设置。

图 4-7 视频效果参数设置

(8) 对素材 3 中人物进行抠像。

① 将"视频效果"|"变换"|"裁剪"视频效果拖放到"V2"轨道的素材 3 上,在"效果控件"面
板中设置"裁剪"效果中的参数,如图 4-8 所示。

② 将"视频效果"|"颜色校正"|"亮度与对比度"视频效果拖放到"V2"轨道的素材 3 上,在
"效果控件"面板中设置"亮度与对比度"效果中的参数,如图 4-9 所示。

③ 将"视频效果"|"键控"|"超级键"视频效果拖放到"V2"轨道的素材 3 上,在"效果控件"
面板中设置"超级键"效果中的"主要颜色"(♯4A8B54)等参数,如图 4-10 所示。

图 4-8 设置"裁剪"参数

图 4-10 设置"超级键"参数

图 4-9 设置"亮度与对比度"参数

④ 将"视频效果"|"键控"|"颜色键"视频效果拖放到"V2"轨道的素材 3 上,在"效果控件"
面板中单击"颜色键"效果中的"自由绘制贝塞尔曲线"按钮,添加"蒙版(1)"参数设置,利用"钢
笔工具",在人物周围绘制一个区域,勾选"已反转"复选框,将上一个超级键中没有扣除的颜色
部分选中,调整相关参数,结果如图 4-11 所示。

⑤ 将素材 3 移动到"V3"轨道的 00:00:11:04 帧位置处,在"效果控件"面板中调整素材 3
中人物"位置",使其与素材 4 中的人物完全重合。

图 4-11　利用"颜色键"中的"蒙版"扣除颜色

⑥ 将素材 3 重新移动回原来的位置。将"视频效果"|"过时"|"亮度曲线"视频效果拖放到"V2"轨道的素材 3 上,调节明亮度与素材 4 中的人物相吻合。

⑦ 选择"V2"轨道中的素材 2,在"效果控件"面板中的 00:00:09:13 和 00:00:10:03 帧位置处,添加"不透明度"关键帧,值从 100% 过渡到 0%,制作视频淡出效果。在"V2"轨道中的素材 2 与 3 之间添加"视频过渡"|"溶解"|"黑场过渡"视频过渡效果。

⑧ 将"视频过渡"|"缩放"|"交叉缩放"视频过渡效果拖放到"V2"轨道的素材 3 和"V1"轨道的"静止帧背景.jpg"素材上。

（9）利用"文字工具"制作片尾滚动字幕。

① 调整"当前时间显示器"到 00:00:17:21 帧位置处,选择工具面板中的"文字工具",在"节目监视器"面板中单击,创建文字插入点,在"V3"轨道中插入文字图层,起点在 00:00:17:21 帧位置处,输入"end"字样,设置持续时间为 3 s。

② 打开"基本图形"面板,单击"end"字样处,展开图形编辑面板,设置文字字体为STHupo、大小合适、居中放置。

③ 单击"end"字样下方的空白处,切换到图形编辑面板"响应式设计-时间"界面,勾选"滚动"复选框,制作滚动字幕。

④ 将项目面板中的"静止帧背景.jpg"素材拖放到"V2"轨道上,起点在 00:00:17:21 帧位置处,设置持续时间为 3 s。

⑤ 在"V2"轨道的素材 4 和最后的"静止帧背景.jpg"素材之间添加"视频过渡"|"缩放"|"交叉缩放"视频过渡效果。

（10）添加音频效果。

① 导入音频素材。执行"文件"|"导入"命令,将素材文件夹内的"提示音.mp3"和"music.mp3"素材导入项目面板中。

② 将项目面板中的"提示音.mp3"素材拖放到"A1"音频轨道上,起点在 00:00:00:00 帧位置处,设置持续时间为 1 s。复制剪辑过的音频片段到 00:00:01:00 和 00:00:02:00 帧位置处。为倒计时视频添加声音效果。

③ 将项目面板中的"music.mp3"素材拖放到"A2"轨道上,起点在 00:00:03:00 帧位置处,持续时间与视频轨道中的素材长度保持一致。

④ 分别将"音频过渡"|"交叉淡化"|"指数淡化"音频过渡效果拖放到"A2"轨道音频素材的首尾处,实现声音的淡入淡出效果。

⑤ 设置完成后的时间轴面板如图 4-12 所示。

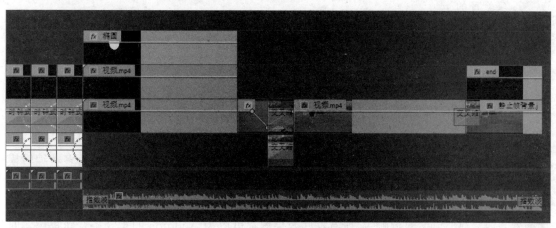

图 4-12 时间轴面板的最终效果图

(11) 单击"节目监视器"面板中的"播放-停止切换"按钮,查看整个视频播放效果。

(12) 执行"文件"|"保存"命令,将项目文件"pre4.prproj"保存到指定文件夹中。

(13) 执行"文件"|"导出"|"媒体"命令,将影片以"pre4.mp4"为文件名输出到指定文件夹中。

(14) 在视频播放器中打开上述创建的视频文件,浏览最终效果。最终效果如样张"pre4yz.mp4"所示。

5. 思考题

(1) 如何在项目中加入音频文件?

(2) 如何实现声音的淡入淡出效果?

(3) 视频过渡、视频效果应如何利用关键帧进行参数设置?

实验 5 Audition 音频处理软件(一)
——基本操作

1. 实验目的

(1)熟悉 Audition 的工作界面。

(2)掌握 Audition 中对音频进行编辑的基本方法。

(3)掌握 Audition 中对音频进行效果处理的基本方法。

2. 相关知识点

(1)声音编辑:Audition 可以简单而快速地完成各种各样的声音编辑操作,包括声音的淡入淡出、声音的移动和剪辑、音调调整、播放速度调整等。在对声音进行编辑时有单轨(波形)/多轨编辑两种界面。单轨编辑模式是用来细致处理单个的音频波形文件;而多轨编辑模式是用来对几条音轨同时组合和编排,最后混频输出一个完整的作品。

(2)效果处理:Audition 自带了几十种效果器,包括常用的压缩器、限制器、噪声门、参量均衡器、合唱、延时、回声、混响等,所有这些效果器都可以为 Audition 的 128 条音轨提供实时插入效果处理。

(3)声音压缩:利用高压缩率减少声音文件容量是网络时代对数字音频技术提出的新要求,Audition 能将音乐作品直接压缩为 mp3,mp3 Pro 等文件格式。

3. 实验内容

在 Audition 中对相关音频文件进行编辑处理,并对音频文件进行效果设置,以达到所要的输出效果,最后将生成的音频文件以 mp3 的格式输出。

4. 实验步骤

实验所用的素材存放在"实验\素材\实验 5"文件夹中。

(1)启动 Audition 程序,熟悉 Audition 的工作界面,如 5-1 所示。

(2)新增"基本声音"面板,如图 5-2 所示。"基本声音"面板中提供了一套完整的工具集来混合音频,可实现专业品质的输出,其中一些简单的控件,用于统一音量级别、修复声音、提高清晰度,以及添加特殊效果来帮助用户的视频项目达到专业音频工程师混音的效果。

(3)切换视图。单击"查看波形编辑器"按钮,打开"新建音频文件"对话框,如图 5-3 所示,文件名为"qhc",其他选项默认,单击"确定"按钮,进入单轨编辑模式。

(4)打开音频文件。执行"文件"|"打开"命令,在"打开文件"对话框中选择素材文件夹中的"qhc1.mp3"文件,单击"打开"按钮,在单轨编辑模式中打开音频文件,如图 5-4 所示。

(5)试听音乐。在播放控件面板中,单击"播放"按钮,欣赏打开的音频文件。

(6)删除静音。如果一个音频文件在开始的时候有空白的地方或者听起来断断续续,用户可以在 Audition 中删除空白区域或者删除静音,将该音频文件变为一个连续的文件。

波形编辑视图 多轨视图 工具栏　　菜单　　　标题

效果组/
属性面板

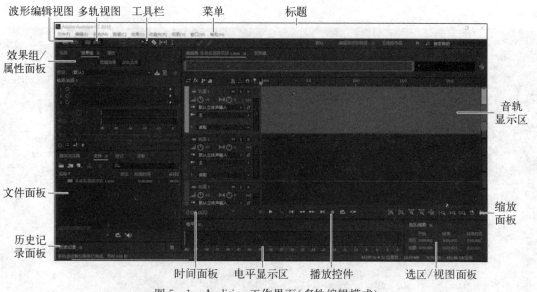

音轨
显示区

文件面板

缩放
面板

历史记
录面板

时间面板　　电平显示区　　播放控件　　　选区/视图面板

图 5-1　Audition 工作界面（多轨编辑模式）

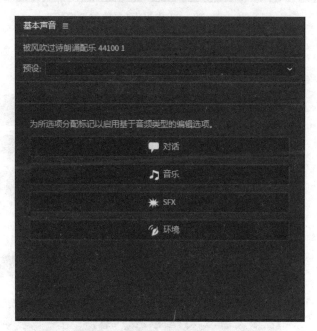

图 5-2　Audition"基本声音"面板

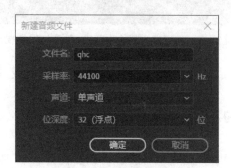

图 5-3　新建音频窗口

图 5-4　Audition 工作界面(单轨编辑模式)

① 执行"编辑"|"选择"|"全选"命令,如图 5-5 所示,选中全部音频文件。

图 5-5　音频被全部选中状态(单轨编辑模式)

② 执行"效果"|"诊断"|"删除静音(处理)"命令,在诊断面板,单击"扫描"按钮,如图 5-6 所示。

③ 单击"全部删除"按钮,完成音频文件中删除静音的操作,效果如图 5-7 所示。

(7) 插入到多轨。

① 选择整个音频文件,执行"编辑"|"插入"|"到多轨会话中"|"新建多轨会话"命令,打开"新建多轨会话"对话框。

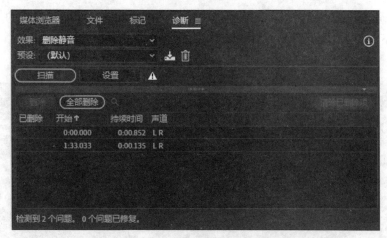

图 5-6 在诊断面板中删除静音区

图 5-7 删除静音区之后的效果

② 在该对话框中,将"会话名称"设为多轨 qhc,如图 5-8 所示,并设置文件夹位置。

图 5-8 创建多轨会话

③ 单击"确定"按钮,将在单轨编辑模式中编辑完成的音频文件插入新建的多轨会话文件中(默认情况下,插入多轨编辑模式轨道 1 中的 0.0 s 位置处),如图 5-9 所示。

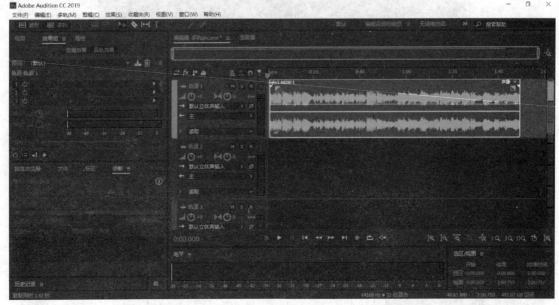

图 5-9　插入多轨编辑模式

(8) 选择音频。

① 单击工具栏中的"时间选择工具"按钮,如图 5-10 所示。在音频波形上拖动鼠标选定需要编辑的区域,此时波形上方会显示一对大括号,拖动任意一边的括号可以改变选择区域的范围。

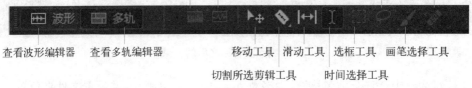

显示频谱频率显示器　　显示频谱音调显示器　　套索选择工具　　污点修复画笔工具

查看波形编辑器　　查看多轨编辑器　　移动工具　　滑动工具　　选框工具　　画笔选择工具

切割所选剪辑工具　　时间选择工具

图 5-10　工具面板中各个工具的名称

图 5-11　选择视图面板

② 也可利用选择/查看面板中"选择"一栏中的"开始""结束"和"长度"文本框,如图 5-11 所示,精确定位选择区。单击则选定整个音频。

(9) 拆分音频。利用选择/查看面板,精确选择第 18.75～54.00 s 的音频区域,执行"剪辑"|"拆分"命令,则将该音频拆分成 3 个片段,如图 5-12 所示。利用工具栏中的"移动工具"按钮,可以移动各音频片段到其他位置。

(10) 设置静音。选择左边的音频片段,执行"剪辑"|"静音"命令,此时选中的音频片段左下角会出现 图标,则该处音频片段被静音。静音部分的音频变为灰色。

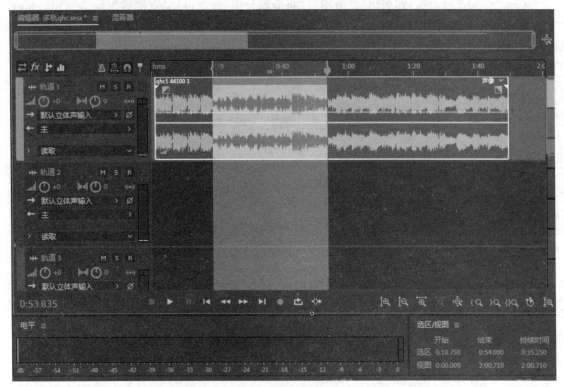

图 5-12　拆分音频

（11）剪辑分组。按住 Ctrl 键选择所有的音频片段，执行"剪辑"|"分组"|"将剪辑分组"命令，此时所有的音频片段左下角会出现 图标，则所有音频片段被编组，也可以利用快捷键 Ctrl+G 进行编组处理。拖动任一音频片段，其他音频片段会一起移动；同时，所有音频片段相对的时间位置和音轨位置始终保持不变。执行"剪辑"|"剪辑/组颜色"命令，可以修改剪辑编组的颜色。

（12）锁定音频。按住 Ctrl 键选择所有的音频片段，执行"剪辑"|"锁定时间"命令，此时所有的音频片段左下角会出现 图标，表示锁定了各音频片段的位置，此时所有的音频片段均无法移动。操作完上述三步后轨道 1 如图 5-13 所示。再次执行"剪辑"|"锁定时间"命令，取消锁定音频操作。

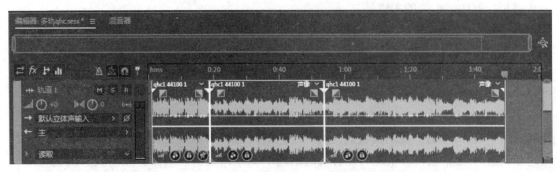

图 5-13　被静音、分组和锁定的音频

（13）合并音频。执行"剪辑"|"分组"|"将剪辑分组"命令，可以取消剪辑编组操作。按住 Ctrl 键选择后面两个片段，执行"剪辑"|"合并剪辑"命令，实现音频片段的重新合并操作，如图 5-14 所示。

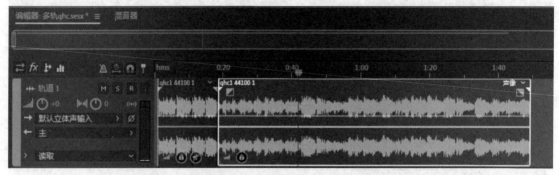

图 5-14　音频的合并剪辑

（14）淡入淡出。在多轨编辑模式中可以对音频进行淡入淡出的设置，包括音量和声相的淡入淡出。

① 在轨道中，有一根黄色的线，在黄色的线上单击鼠标左键，添加关键帧，然后拖动关键帧的位置，即可手动设置音量的淡入效果。

② 轨道中蓝色的线代表声相，通过在声相线上添加关键帧并拖动位置，就能够灵活地控制音频不同位置的不同变化。淡出效果的编辑与淡入效果设置类似，如图 5-15 所示。

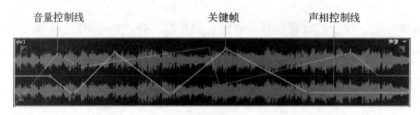

图 5-15　音频的淡入淡出设置

③ 在音频上方左右两边分别有一个 ◤ 图标，当拖动这个图标时，声音也会出现淡入淡出的变化。在单轨编辑模式下拖动这个图标，音频波形也会发生相应的变化，如图 5-16 所示。

④ 播放试听一下效果。

⑤ 右击关键帧，在打开的快捷菜单中选择"删除所选关键帧"命令，可以删除音量控制线或者声相控制线上添加的关键帧。

（15）交叉淡化。利用该命令可以在音频的开始或结尾处实现自动添加交叉淡化曲线，使两段音频播放起来更加流畅。

① 在多轨编辑模式中，执行"文件"|"导入"|"文件"命令，在打开的"导入文件"对话框中选择素材文件夹中的"qhc2.mp3"文件，单击"打开"按钮，导入另一个音频文件。

② 单击播放控件中的"将播放指示针移到下一个"按钮，将当前时间定位到轨道 1 中音频文件的结束处。在选区/视图面板的"选区"一栏的"开始"文本框中，修改开始时间，使得开始时间在当前时间点减掉 20 s，此时在音轨区出现了 20 s 的选区。两段音频的交叉淡化长度也可以通过移动音频自行设置。

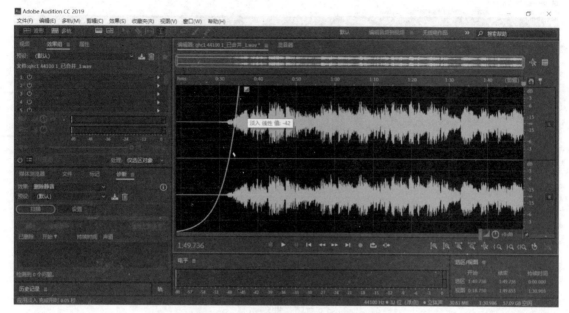

图 5-16　波形编辑模式下的淡入设置

③ 执行"剪辑"|"启动自动交叉淡化"命令,然后拖动"qhc2.mp3"音频文件到第一段音频指针的位置上,使两个音频首尾重叠 20 s,如图 5-17 所示,表示已经应用自动交叉淡化音效。

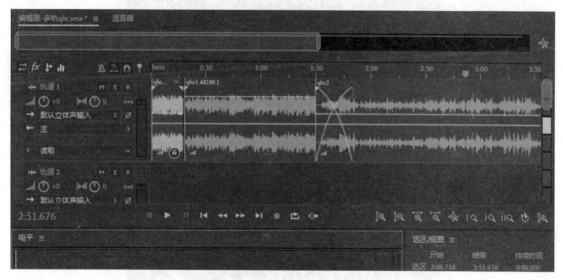

图 5-17　自动交叉淡化效果

④ 播放试听一下交叉淡化的效果。

(16) 伸缩素材。将轨道 1 中"qhc1"的音量变小,"qhc2"静音,然后将"qhc2"放到音轨 2 中,执行"剪辑"|"伸缩"|"启用全局剪辑伸缩"命令,将鼠标指针移至音频"qhc2"右上方的实心三角形处,此时鼠标指针呈双向箭头形状,提示"伸缩"字样,如图 5-18 所示。

(17) 缩混音频。右击当前音轨,在打开的快捷菜单中选择"导出缩混"下的"整个会话"命令,打开"导出多轨缩混音"对话框,如图 5-19 所示,设置各参数,单击"确定"按钮。

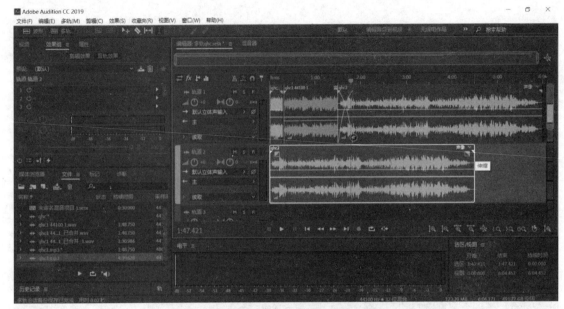

图 5-18　伸缩素材

图 5-19　创建缩混文件

　　(18) 调整音频大小。在波形编辑模式中，执行"效果"|"振幅与压限"|"增幅"命令，在打开的对话框中，拖动增益调整滑块，改变波形的振幅大小。假设设置增幅为增益的值为−3 dB削减，且勾选"链接滑块"复选框，单击"应用"按钮完成设置。播放试听一下效果。

　　(19) 混响效果。选择整个音频文件，执行"效果"|"混响"|"完全混响"命令，在打开的"效果-完全混响"对话框中按个人喜好选择预设和参数值，单击"应用"按钮完成设置。播放试听

一下效果。

（20）回声效果。选择整个音频文件，执行"效果"|"延迟与回声"|"回声"命令，在打开的"回声"对话框中按个人喜好设置参数值，单击"应用"按钮完成设置。播放试听一下效果。

（21）保存文件。执行"文件"|"另存为"命令，将音频以"aud1.mp3"为文件名保存到指定文件夹中。

（22）保存工程文件。单击"查看多轨编辑器"按钮切换到多轨编辑模式，执行"文件"|"另存为"命令，将工程文件以"aud1.sesx"为文件名保存到指定文件夹中。

5. 思考题

（1）Audition 的工作界面有哪几种？怎样在这几种工作界面中进行切换？

（2）在 Audition 中怎样选择整个音频文件？怎样选择部分音频文件？

（3）在 Audition 中怎样移动音频文件？

实验 6 Audition 音频处理软件(二)
——录音练习

1. 实验目的
(1) 掌握利用 Audition 进行录音的方法。

(2) 利用 Audition 掌握人声的基本处理方法。

2. 相关知识点
(1) 录音：录音是音频处理软件的基本功能，支持对 16 bit/96 kHz 高精度声音的录音，可同时对所有的 128 条轨道进行录音。也可以通过导入视频文件，实现对视频的同步配音。

(2) 降噪：降噪是公认的 Audition 一个非常强大的功能。在进行录音的过程中，由于各种原因会造成环境噪音，利用 Audition 可以在不影响音质的情况下，最大限度地把噪音从声音中去除。对人声的降噪也包括消除齿音、喷麦、口水音等。

(3) 混音：Audition 是一款多音轨数字音频处理软件，可以将 128 条音轨的声音混合在一起，同时输出混合后的声音。

3. 实验内容
从 CD 中摘录音乐文件或从网络上搜寻喜欢的歌曲作为伴奏乐曲，进行配乐朗诵的制作。对所录制的音频文件进行降噪等处理，最后混音输出。

4. 实验步骤
实验所用的素材存放在"实验\素材\实验 6"文件夹中。

(1) 素材准备。找一张含有喜欢的乐曲的 CD 或者网络下载一首喜欢的曲目，根据所选择的乐曲长度准备一篇文章，使得朗诵文章所用的时间小于乐曲的长度。

(2) 从 CD 中导入音乐文件作为伴奏乐曲。

① 将准备好的 CD 放入光驱中，启动 Audition 程序。

② 执行"文件"|"导入"命令，打开"导入"对话框，选择 CD 所在的盘符，显示 CD 盘中的内容。单击所要导入的 CD 数字音频，单击"打开"命令，完成导入文件操作。

③ 执行"文件"|"将所有音频保存为批处理"命令，在打开的对话框中，单击"确定"按钮，然后在批处理面板中单击"导出设置"，打开"导出设置"对话框，选择"模板"选项按钮，在"位置"文本框中输入音频文件的保存路径，"格式"设置为 mp3，单击"采样类型"右侧的"更改"按钮，选择 48 000 Hz 的采样率，如图 6-1 所示。单击"确定"按钮，在打开的提示框中单击"是"按钮返回批处理对话框，单击"确定"按钮，将导入的 CD 数字音频以"bj.mp3"为文件名保存在指定文件夹中。

④ 如果实验条件有限，所使用的计算机没有配备光驱，则伴奏乐曲可用素材文件夹中的"bj.mp3"文件或从网络上搜寻歌曲作为伴奏乐曲。

(3) 录音前的准备。在录音前先要对音频硬件进行简单的设置。使用麦克风录制声音时，

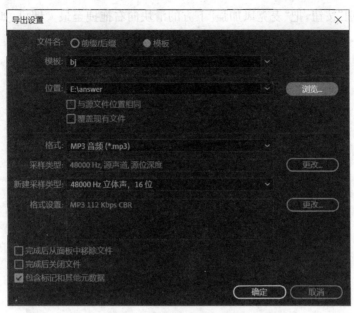

图 6-1　"将所有音频保存为批处理"设置

可以增强麦克风的录音属性,这样录制的声音就会大一点。设置好以后即可进行后续的操作。

① 实验中请戴好耳机,以免影响他人。

② 右击 Windows 任务栏右侧的音量图标,打开"录音设备"对话框。查看麦克风的属性和配置。单击"确定"按钮,完成设置,如图 6-2 所示。

图 6-2　麦克风配置和属性

③ 单击"级别"按钮,把"麦克风加强"下方的滑块向右拖拽至最大即可,如图 6-3 所示。

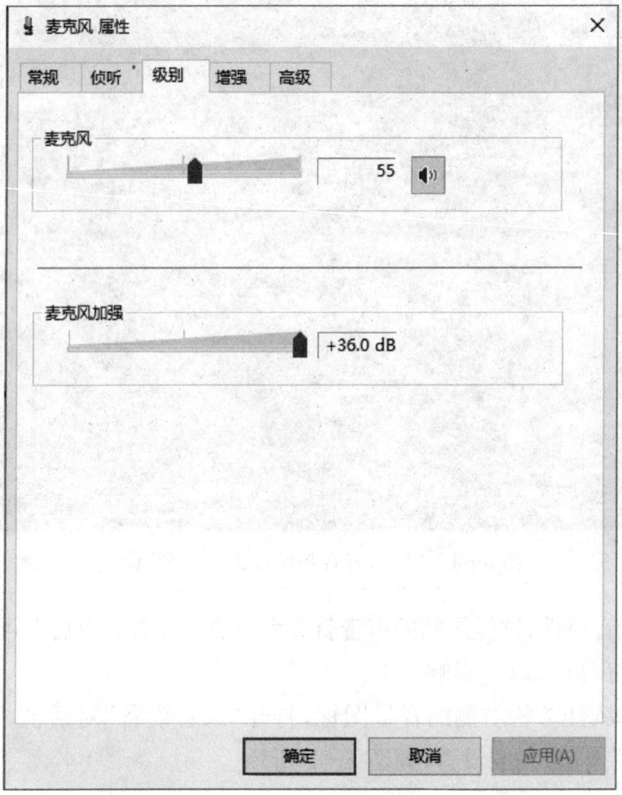

图 6-3　向右拖拽滑块

图 6-4　新建音频文件

④ 关闭所有的对话框,完成对麦克风的设置。

(4) 录音。在 Audition 中,可以在单轨编辑器中对单个的音乐文件进行单独的录音操作,步骤如下。

① 按 Ctrl+Shift+N 快捷键,打开"新建音频文件"对话框,在其中设置采样率为 48 000 Hz,单击"确定"按钮,如图 6-4 所示。

② 新建一个空白音频文件后,在"编辑器"窗口的下方单击"录制"按钮。

③ 对着麦克风录制朗诵的音频。在录音过程中,"编辑器"窗口中将会显示录制的声音波形,待录音完成之后,单击"停止"按钮,完成录制操作,如图 6-5 所示。录制的声音可以保存备用。

也可以在多轨编辑器中,在一个轨道插入背景伴奏,然后在其他轨道中录制声音。当单击指定轨道的"录音"按钮时,背景伴奏轨道中的音乐会自动播放,只有被指定轨道才会进行录制操作。后续的实验内容以多轨编辑模式录音为例。

① 创建多轨会话,采样率为 48 000 Hz,如图 6-6 所示。将之前导出的背景音乐"bj.mp3"放到轨道 2 中的 0.0 s 位置处。右击,在打开的菜单中选择"静音"命令。

② 在多轨编辑模式中,选择轨道 1,单击该轨道中的"录音准备"按钮,使其呈红色显示。

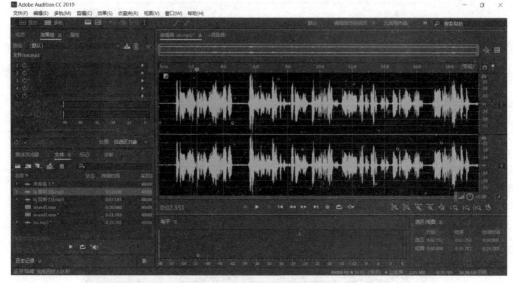

图 6-5 录制完成的声音波形

图 6-6 创建多轨会话

此时在轨道 1 中准备录制朗诵的音频。

③ 单击播放控件编辑器面板中的"录音"按钮，开始录音。录制声音结束后再等待几秒钟，录进去一段环境噪音，为后期进行采样降噪获取样本。单击"停止"按钮结束录音。

④ 单击播放控件编辑器面板中的"播放"按钮进行试听，检查录制的声音有无严重的出错，是否要重新录制。

⑤ 检查确认无误后，双击录制的音频文件，进入单轨编辑模式。

(5) 降噪。

① 在单轨编辑模式中，放大波形，选择一段刚录制的没有人声的纯噪音，时间长度不少于 0.5 s。

② 执行"效果"|"降噪/恢复"|"捕捉噪音样本"命令，选择噪音样本。

③ 执行"效果"|"降噪/恢复"|"降噪（处理）"命令，打开"降噪"对话框，如图 6-7 所示。

④ 单击"选择完整区域""应用"按钮，实现对整个音频文件的降噪处理。也可以通过调整"降噪"和"降噪幅度"参数实现降噪效果。

(6) 消除齿音。降噪处理结束后，执行"效果"|"振幅与压限"|"消除齿音"命令，打开"降

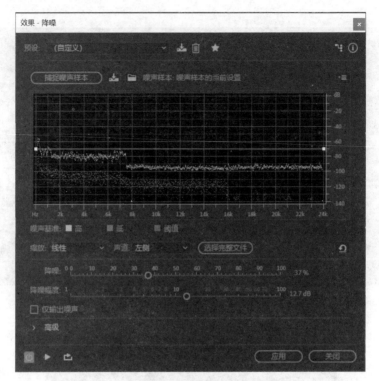

图 6-7　降噪处理

噪"对话框,如图 6-8 所示。在预设列表框,可以选择要消除的齿音类型,在下方设置相应的
阈值参数,单击"应用"按钮,实现消除齿音的效果。

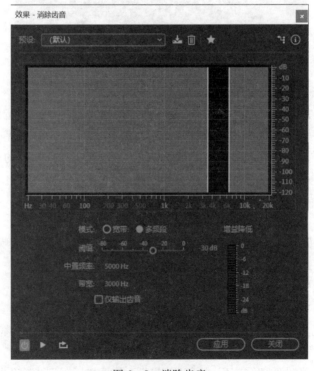

图 6-8　消除齿音

（7）消除喷麦和口水音。由于录音设备和语句的不同,换气或者吞咽口水的声音也会被录入,在音频中就会产生喷麦和口水音,如图 6-9 所示。可利用污点修复画笔工具,去除喷麦和口水音。

① 在单轨编辑模式下,单击音频频谱显示器。

② 利用时间选择工具,选中喷麦或者口水音的位置,调整该处音频振幅。

③ 单击污点修复画笔工具,在对应频谱中涂抹掉红色的线形区域,完成修复,效果如图 6-10 所示。

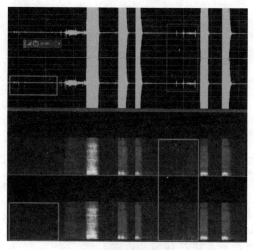

图 6-9　音频中的口水音

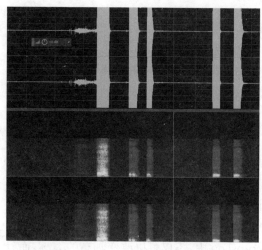

图 6-10　口水音修复后的效果

（8）添加效果。所有的噪音处理结束,试听确认无误后,对录制的音频文件按照个人喜好制作一些效果,例如回声、淡入/淡出效果等。

（9）对制作的音频文件处理效果满意后,单击“多轨”按钮切换到多轨编辑模式。

（10）选择轨道 2 中的伴奏乐曲,执行“剪辑”|“静音”命令,取消伴奏乐曲的静音设置。

（11）试听满意后,执行“文件”|“导出”|“多轨混音”|“整个会话”命令,将所有音轨上的音频文件缩混合成在一起,最后将结果文件以“aud2.mp3”为文件名保存到指定文件夹中。

（12）保存并退出程序。执行“文件”|“保存”命令,将工程文件以“aud2.sesx”为文件名保存到指定文件夹中。执行“文件”|“退出”命令,关闭 Audition 程序。

5. 思考题

（1）在录制声音的过程中要怎样操作才有利于消除环境噪音?

（2）在降噪过程中,如何采样噪音?

（3）利用什么命令可以完成多轨编辑模式中多个音频文件的缩混输出?

实验 7　Photoshop 图像处理软件(一)
——制作证件照

1. **实验目的**

(1) 熟悉 Photoshop 的工作界面。

(2) 掌握图像文件的创建与保存。

(3) 掌握工具箱中工具的使用。

2. **相关知识点**

(1) 图像文件格式：Photoshop 图像处理软件支持多种文件格式,常用的有 PSD 格式、JPG 格式和 GIF 格式。PSD 格式是 Photoshop 默认的图像文件格式,这种格式文件的扩展名为".psd"。PSD 格式不仅支持所有的色彩模式,而且可保存 Photoshop 的所有工作状态,包括图层、通道和蒙版等所有数据信息。

(2) 画布：画布是指当前操作的图像的窗口,画布大小决定了图像的可编辑区域。在 Photoshop 中,不仅可以改变画布的大小,而且可以对画布进行任意角度的旋转。

(3) 图像选区：选区是由流动的虚线围成的区域。利用工具箱中的选框工具、套索工具等可以创建选区,还可以使用"选择"菜单中的命令对创建好的选区进行编辑处理。

(4) 裁剪图像：利用工具箱中的裁剪工具可以裁剪图像,使用裁剪工具不仅可以自由控制裁剪的大小和位置,还可以进行旋转。当然也可以先用选取工具选择要裁剪的区域,然后执行"图像"|"裁剪"命令裁剪图像。

(5) 渐变填充：利用工具箱中的渐变工具可以创建不同颜色之间的过渡效果,可以从预设渐变中选取或创建新的渐变。

3. **实验内容**

将彩色照片制成彩色证件照。

4. **实验步骤**

实验所用的素材存放在"实验\素材\实验 7"文件夹中。实验样张存放在"实验\样张\实验 7"文件夹中。

(1) 启动 Photoshop 程序,执行"文件"|"打开"命令,打开"打开"对话框,选择素材文件夹中的"photo.jpg"文件,单击"打开"按钮,如图 7-1 所示。

(2) 删除图像中的文字。单击工具箱中的污点修复画笔工具,适当调整画笔大小,在文字处拖动鼠标即可快速去掉文字。污点修复画笔工具选项栏如图 7-2 所示。

(3) 旋转图像。执行"图像"|"图像旋转"|"任意角度"命令,打开"旋转画布"对话框。在"角度"文本框中输入 40,并选择"度(逆时针)"选项按钮,如图 7-3 所示。单击"确定"按钮即可。

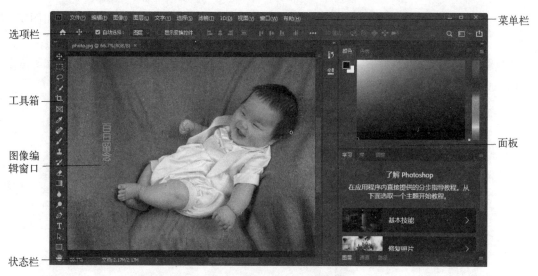

图 7 - 1　Photoshop 工作界面

图 7 - 2　污点修复画笔工具选项栏

（4）裁剪图像。执行"窗口"|"信息"命令，打开信息面板。单击工具箱中的裁剪工具，在图像窗口拖动鼠标，形成一个大约为 10.05 cm × 13.05 cm 的裁剪区，释放鼠标。如大小不合适，可以通过拖动控点改变大小；如位置不正确，可以将鼠标移至裁剪区域内，再拖动鼠标，如图 7 - 4 所示。按 Enter 键裁剪图像。

图 7 - 3　"旋转画布"对话框

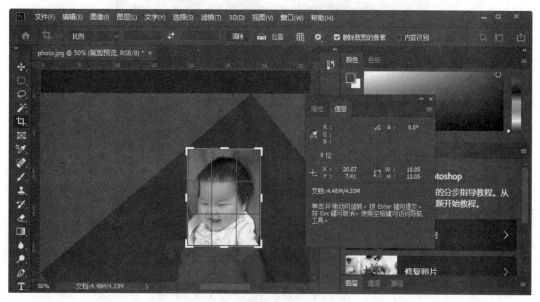

图 7 - 4　裁剪图像

（5）建立选区。单击工具箱中的快速选择工具，在图像窗口中选择蓝色背景，如图 7-5 所示。

（6）执行"选择"|"修改"|"羽化"命令，打开"羽化选区"对话框，设置羽化半径为 3 像素，如图 7-6 所示。

图 7-5　建立选区　　　　　　　　　图 7-6　"羽化选区"对话框

（7）为选区填充渐变色。

① 单击工具箱中的渐变工具，在渐变工具选项栏中单击"线性渐变"渐变样式，单击渐变图案打开"渐变编辑器"对话框。

② 在"预设"区域中单击"黑，白渐变"，单击左边黑色的色块，将其设置为蓝色（♯0d7496），如图 7-7 所示。单击"确定"按钮。

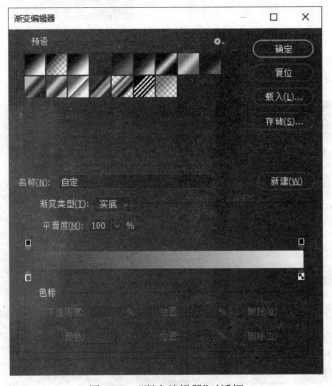

图 7-7　"渐变编辑器"对话框

③ 在图像窗口自上而下拖动鼠标。按 Ctrl＋D 快捷键取消选区,此时效果如图 7－8 所示。

(8) 扩大画布。执行"图像"|"画布大小"命令,打开"画布大小"对话框,勾选"相对"复选框,设置"宽度"为 0.95 厘米,"高度"为 0.95 厘米,"定位"位置在中间,"画布扩展颜色"为白色,如图 7－9 所示。单击"确定"按钮,此时图像的四周出现一圈白色的边框。

图 7－8 渐变填充后的图像   图 7－9 "画布大小"对话框

(9) 定义图案。执行"编辑"|"定义图案"命令,打开"图案名称"对话框,在"名称"文本框中输入"tuan",如图 7－10 所示。单击"确定"按钮。

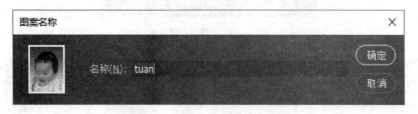

图 7－10 "图案名称"对话框

(10) 新建图像文件。执行"文件"|"新建"命令,打开"新建文档"对话框,设置"宽度"为 43.96 厘米,"高度"为 28.19 厘米,"分辨率"为 72 像素/英寸,"颜色模式"为 8 位 RGB 颜色,"背景内容"为白色,如图 7－11 所示。单击"创建"按钮。

(11) 填充图案。执行"编辑"|"填充"命令,打开"填充"对话框,在"内容"下拉列表中选择"图案",在"自定图案"下拉列表中选择前面定义的图案,如图 7－12 所示。

(12) 单击"确定"按钮,完成证件照的制作,如图 7－13 所示。最终效果如"ps1yz.jpg"文件所示。

(13) 保存文件。执行"文件"|"存储为"命令,将图像分别以"ps1.psd"和"ps1.jpg"保存在指定文件夹中。

图 7-11 "新建文档"对话框

图 7-12 "填充"对话框

图 7-13 证件照

5. 思考题

(1) 怎样改变已建选区的羽化值?

(2) 怎样编辑渐变工具中的预设渐变图案?

实验 8　Photoshop 图像处理软件（二）
——制作裂纹瓷

1. 实验目的

(1) 掌握图像色彩调整的方法。

(2) 掌握图层的基本操作。

(3) 掌握图层混合模式的设置。

(4) 掌握滤镜的使用方法。

2. 相关知识点

(1) 图像色彩调整：在 Photoshop 中，可以对图像的色彩进行调整，不仅可以使图像更具色感，还可以使图像产生不同的效果。

(2) 图层：每个图层都可以看作一张透明的胶片，透明胶片上绘制了图像，将所有图层按一定的顺序叠加便得到一张完整的图像。对图层的混合模式以及图层样式进行设置可以产生各种特殊效果。

(3) 滤镜：滤镜是一种特殊的处理模块，在 Photoshop 中，滤镜包括内部滤镜和外挂滤镜。内部滤镜有风格化、模糊、扭曲、像素化、渲染、杂色、液化和镜头校正等，外挂滤镜也称第三方滤镜，需要另外安装后才能使用。可以对图层、选区或通道应用滤镜，使用滤镜不仅可以改善图像效果，还可以产生特殊的效果。

3. 实验内容

合成彩色图像，并通过调整图像、设置图层混合模式和使用滤镜制作裂纹瓷。

4. 实验步骤

实验所用的素材存放在"实验\素材\实验 8"文件夹中。实验样张存放在"实验\样张\实验 8"文件夹中。

(1) 打开图像文件。执行"文件"|"打开"命令，打开素材文件夹中的"beijing.jpg"文件。

(2) 调整图像大小。执行"图像"|"图像大小"命令，打开"图像大小"对话框，设置"宽度"为500 像素，"高度"为 700 像素，"分辨率"为 72 像素/英寸，如图 8-1 所示。单击"确定"按钮。

(3) 新建图层。执行"图层"|"新建"|"图层"命令，打开"新建图层"对话框，如图 8-2 所示。单击"确定"按钮。

(4) 为新建的图层填充渐变色。

① 单击工具箱中的渐变工具，在渐变工具选项栏中单击"线性渐变"渐变样式，单击渐变图案打开"渐变编辑器"对话框，在"预设"区域中单击"黑，白渐变"，在渐变条下单击，添加 5 个色标，然后将这 7 个色标分别设为白色、黑色、白色、黑色、白色、黑色、白色，如图 8-3 所示单击"确定"按钮。

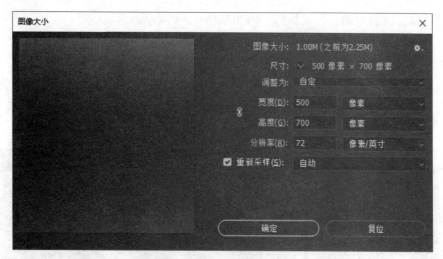

图 8-1 "图像大小"对话框

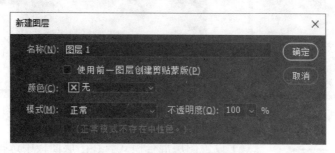

图 8-2 "新建图层"对话框

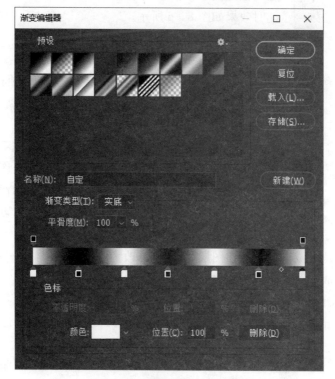

图 8-3 "渐变编辑器"对话框

② 在图像窗口自左向右拖动鼠标。效果如图 8-4 所示。

(5) 为新建的图层添加极坐标和旋转扭曲滤镜。

① 执行"滤镜"|"扭曲"|"极坐标"命令,打开"极坐标"对话框,单击"确定"按钮。

② 执行"滤镜"|"扭曲"|"旋转扭曲"命令,打开"旋转扭曲"对话框,设置"角度"为 250 度,如图 8-5 所示。单击"确定"按钮。

图 8-4 添加线性渐变后的效果图

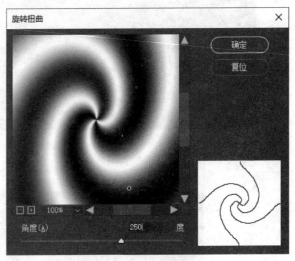

图 8-5 "旋转扭曲"对话框

图 8-6 设置图层混合
模式后的效果

(6) 设置图层混合模式。在图层面板中选择"图层 1",单击图层面板左上角的图层混合模式下拉列表,选择"柔光"混合模式。此时效果如图 8-6 所示。

(7) 将花架合成到背景图像中。

① 打开素材文件夹中的"huajia.jpg"文件。

② 单击工具箱中的魔棒工具,在工具选项栏中,单击"添加到选区"按钮,设置"容差"为 40,并勾选"消除锯齿"和"连续"复选框。单击花架背景区域(可多次单击)。

③ 执行"选择"|"反选"命令,建立花架选区。

④ 执行"编辑"|"拷贝"命令,回到背景图像窗口,执行"编辑"|"粘贴"命令,将选中的花架合成到背景图像中。

⑤ 执行"编辑"|"自由变换"命令,缩小花架,并将其移至如图 8-7 所示的位置。

⑥ 在图层面板中,双击花架所在图层名,将其修改为"花架"。

(8) 将花瓶合成到背景图像中。

① 打开素材文件夹中的"huaping.jpg"文件。单击工具箱中的魔棒工具,单击花瓶背景区域(可多次单击,单击时在工具选项栏中选中"添加到选区"按钮),然后执行"选择"|"反选"命令,选择花瓶。

② 执行"编辑"|"拷贝"命令,回到背景图像窗口,执行"编辑"|"粘贴"命令,将选中的花瓶合成到背景图像中,并将其移至如图 8-8 所示的位置。

图 8-7 合成花架后的图像效果　　　　图 8-8 合成花瓶后的图像效果

③ 在图层面板中，双击花瓶所在图层名，将其修改为"花瓶"。

（9）建立"花瓶拷贝"图层。在图层面板中，右击"花瓶"图层，在打开的快捷菜单中选择"复制图层"命令，打开"复制图层"对话框，单击"确定"按钮，建立一个"花瓶拷贝"图层。

（10）设置"花瓶拷贝"图层。

① 执行"滤镜"|"像素化"|"晶格化"命令，打开"晶格化"对话框，设置"单元格大小"为20，单击"确定"按钮，添加晶格化滤镜。

② 执行"滤镜"|"风格化"|"查找边缘"命令，添加查找边缘滤镜。

③ 执行"图像"|"调整"|"黑白"命令，打开"黑白"对话框，单击"确定"按钮，生成黑白图像。

④ 单击图层面板左上角的图层混合模式下拉列表，选择"正片叠底"混合模式，并将"不透明度"设为40%，如图8-9所示。

图 8-9 图层面板

⑤ 执行"图像"|"调整"|"色阶"命令，打开"色阶"对话框，如图8-10所示，设置输入色阶，单击"确定"按钮。

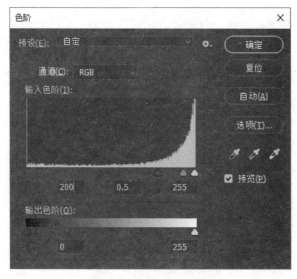

图 8-10 "色阶"对话框

⑥ 执行"图像"|"调整"|"色相/饱和度"命令,打开"色相/饱和度"对话框,调整色相/饱和度,如图 8-11 所示,设置各参数值。

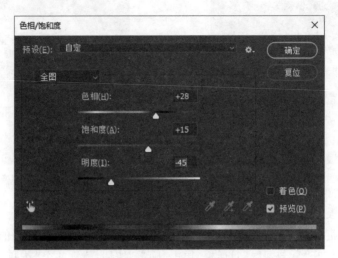

图 8-11 "色相/饱和度"对话框

⑦ 单击"确定"按钮。图像最终效果如"ps2yz.jpg"所示。

(11) 保存文件。执行"文件"|"存储为"命令,将图像分别以"ps2.psd"和"ps2.jpg"保存在指定文件夹中。

5. 思考题

(1) 怎样设置图层混合模式?

(2) 怎样对图像色调进行调整?

(3) 用椭圆工具等形状工具绘制形状后,可以对形状所在图层设置滤镜效果吗?

实验 9　Photoshop 图像处理软件（三）
——制作风景画

1. 实验目的

(1) 掌握图层样式的设置。

(2) 掌握蒙版的使用。

(3) 掌握动作的使用。

(4) 掌握批处理和 Photomerge 功能的使用。

2. 相关知识点

(1) 内容识别填充：内容识别填充功能可以快速填充一个选区，用来填充这个选区的像素是通过感知该选区周围的内容得到的。

(2) 图层样式：Photoshop 提供了投影、内阴影、斜面和浮雕、渐变叠加和描边等 10 种图层样式，可以为一个图层添加多种图层样式，以产生各种特效。

(3) 蒙版：Photoshop 中的蒙版包括快速蒙版、图层蒙版、剪贴蒙版和矢量蒙版。快速蒙版也称临时蒙版，用于建立选区。图层蒙版可以控制图层中图像的显示与隐藏，添加的蒙版起初是白色的，显示整个图像，蒙版中的黑色部分表示该图层中这部分图像不显示，所以在蒙版上创建黑白渐变，该图层中图像将呈现逐渐显示的效果。剪贴蒙版是通过图层与图层之间的关系，控制基底图层中图像的显示。矢量蒙版具有与图层蒙版相同的特点。

(4) 动作：Photoshop 中的动作与 Word 中的宏功能类似，可以将操作步骤像录制宏一样记录下来。在动作面板中，以动作组对动作进行归类，面板中包含许多默认动作，用户可以直接选择所需动作并播放，就能把该动作记录的所有步骤应用到图像中。用户也可以新建动作。

(5) 批处理：批处理就是将指定的动作应用于所选的目标文件，从而实现图像处理的批量化。

(6) Photomerge：使用 Photomerge 功能可以对多个图像进行拼接，生成全景照片效果。提供拼接图像的版面有自动、透视、圆柱、球面、拼贴和调整位置。

3. 实验内容

利用已有的图像文件合成风景画。

4. 实验步骤

实验所用的素材存放在"实验\素材\实验 9"文件夹中。实验样张存放在"实验\样张\实验 9"文件夹中。

(1) 打开图像文件。执行"文件"|"打开"命令，打开素材文件夹中的"fengjing.jpg"文件。

(2) 调整亮度和对比度。执行"图像"|"调整"|"亮度/对比度"命令，打开"亮度/对比度"对话框，设置"亮度"为 20，"对比度"为 30，如图 9-1 所示。

图9-1 "亮度/对比度"对话框

（3）移除画面中的塔。

① 单击工具箱中的套索工具，在要删除的塔附近单击并拖动鼠标沿着塔边缘移动，直至完全选中塔，如图9-2所示。

图9-2 建立选区

② 执行"编辑"|"填充"命令。打开"填充"对话框，在"内容"下拉列表框中选择"内容识别"，如图9-3所示。

图9-3 "填充"对话框

③ 单击"确定"按钮。按 Ctrl＋D 快捷键取消选区,效果如图 9－4 所示。

图 9－4 塔移除后的画面效果

（4）合成图像。

① 打开素材文件夹中的"hehua.jpg"文件,执行"选择"|"全部"命令,然后执行"编辑"|"拷贝"命令,回到"fengjing.jpg"图像窗口,执行"编辑"|"粘贴"命令。

② 执行"编辑"|"自由变换"命令,通过拖动鼠标改变图像大小及位置后,按 Enter 键,如图 9－5 所示。

图 9－5 改变大小和位置后的图像

（5）为"图层 1"添加蒙版。

在图层面板中选择"图层 1"。单击图层面板中的"添加图层蒙版"按钮,使用渐变工具设置由上到下的黑白线性渐变,效果如图 9－6 所示。

图 9-6　使用蒙版后的图像

（6）将一朵荷花合成到图像中。

① 打开素材文件夹中的"huahui.jpg"文件。利用工具箱中的快速选择工具,选择一株荷花。

② 执行"编辑"|"拷贝"命令,回到背景图像窗口,执行"编辑"|"粘贴"命令,将选中的荷花合成到图像中。

③ 执行"编辑"|"自由变换"命令,缩小荷花,并将其移至如图 9-7 所示的位置。

图 9-7　合成荷花后的效果图

（7）将鸟合成到图像中。

① 打开素材文件夹中的"niao.jpg"文件,利用工具箱中的魔棒工具,选择蓝色背景,再执行"选择"|"反选"命令,选中鸟。

② 将选中的鸟合成到图像中,执行"编辑"|"自由变换"命令,缩小鸟并将其移至合适

位置。

（8）复制图层。

① 右击"图层3"，在打开的快捷菜单中选择"复制图层"命令，打开"复制图层"对话框，如图9-8所示。单击"确定"按钮。

图9-8　"复制图层"对话框

② 执行"编辑"|"自由变换"命令，缩小并旋转鸟，将其移至合适位置，如图9-9所示。

图9-9　合成鸟后的图像效果

（9）添加文字。

① 单击工具箱中的横排文字工具，在工具选项栏中设置华文行楷、175点。然后，在图像窗口输入"湖光山色"。

② 单击选项栏"创建文字变形"按钮，打开"变形文字"对话框，选择"波浪"样式，如图9-10所示。单击"确定"按钮。

③ 使用移动工具将文字移至合适位置，如图9-11所示。

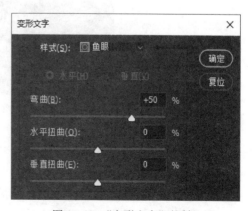

图9-10　"变形文字"对话框

图 9-11 添加文字后的图像

(10) 创建新动作——改变图像大小。

① 执行"文件"|"打开"命令,打开素材文件夹中的"tp3-1.jpg"文件。执行"窗口"|"动作"命令,打开"动作"对话框,如图 9-12 所示。

图 9-12 动作面板

② 单击动作面板中的"创建新动作"按钮,打开"新建动作"对话框,设定动作名称为"改变图像大小",如图 9-13 所示。

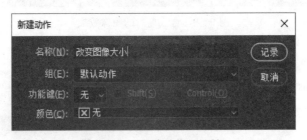

图 9-13 "新建动作"对话框

③ 单击"记录"按钮开始录制动作。执行"图像"|"图像大小"命令,打开"图像大小"对话框,设置"宽度"为 600 像素,"高度"为 450 像素,"分辨率"为 72 像素/英寸,如图 9-14 所示。单击"确定"按钮。将文件另存到存放处理后图像的文件夹(如 E:\answer)。

④ 单击"停止播放/记录"按钮,完成动作录制。

图9-14　"图像大小"对话框

（11）批处理。

① 执行"文件"|"自动"|"批处理"命令，打开"批处理"对话框，在"播放"区域的"动作"下拉列表中选择刚才创建的"改变图像大小"动作。

② 在"源"下拉列表中选择"文件夹"选项，单击"选择"按钮，选择需处理图像所在的文件夹。

③ 在"目标"下拉列表中选择"文件夹"选项，单击"选择"按钮，选择存放处理后图像的文件夹（如 E:\answer），如图9-15所示。

④ 单击"确定"按钮。可以将所选择文件夹中的3个图像都改成"宽度"为600像素，"高度"为450像素，并自动存放到目标文件夹中（E:\answer）。

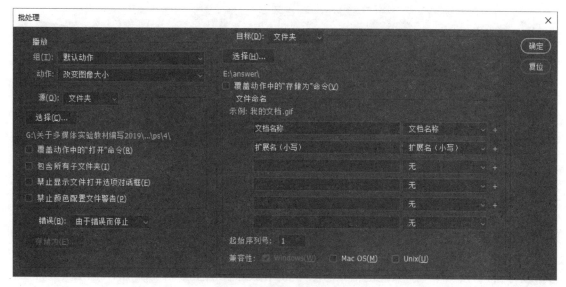

图9-15　"批处理"对话框

（12）拼接图像。

① 执行"文件"|"自动"|"Photomerge"命令，打开"Photomerge"对话框，选择"拼贴"版面。使用"文件夹"源文件，单击"浏览"按钮，选择存放修改大小后图像的文件夹（如 E:\answer），如图 9 - 16 所示。

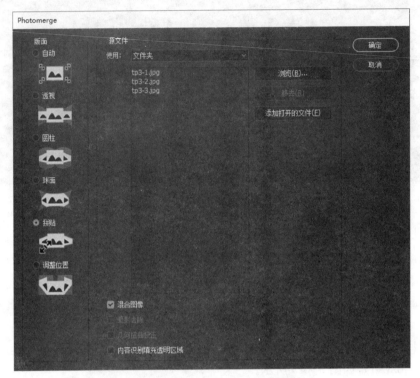

图 9 - 16　"Photomerge"对话框

② 单击"确定"按钮，生成全景图，如图 9 - 17 所示。

图 9 - 17　全景图

（13）在全景图图层面板中，右击选中的 3 个图层，在打开的快捷菜单中选择"合并图层"命令，完成 3 个图层的合并，如图 9 - 18 所示。

（14）复制图像。用矩形选框工具框选全景图，按 Ctrl＋C 快捷键复制。回到"fengjing.jpg"图像窗口，按 Ctrl＋V 快捷键粘贴图像，此时在文字图层上方增加了一个"图层 4"，将"图层 4"中的图像缩小并移至合适位置，如图 9 - 19 所示。

图 9-18　生成的全景图图层面板

图 9-19　插入全景图后的效果

（15）创建剪贴蒙版。在图层面板中右击"图层 4"，在打开的快捷菜单中选择"创建剪贴蒙版"命令，此时图像如图 9-20 所示。

图 9-20　创建剪贴蒙版后的图像

（16）为文字图层添加斜面和浮雕效果。在图层面板中，选择文字图层，单击"添加图层样式"按钮，打开系统预定义的图层样式，单击"斜面和浮雕"选项，打开"图层样式"对话框，单击"确定"按钮完成设置。最终效果如"ps3yz.jpg"文件所示。

（17）保存文件。执行"文件"|"存储为"命令，将图像分别以"ps3.psd"和"ps3.jpg"保存在指定文件夹中。

5. 思考题

（1）图层样式的作用是什么？

（2）图层蒙版的作用是什么？

（3）能否用编辑菜单中的描边命令对文字描边？

实验 10　Photoshop 图像处理软件(四)
——3D 对象与动画的创建

1. 实验目的

(1) 掌握 3D 对象的基本操作。

(2) 掌握动画制作的方法。

2. 相关知识点

(1) 3D 文件：3D 文件可以包含网格、材料、光源三个组件中的一个或多个组件。网格提供 3D 模型的底层结构，一个网格可具有一种或多种相关的材料，这些材料控制整个网格的外观或局部网格的外观。光源包括无限光、聚光灯和点光三种类型，可以移动和调整现有光照的颜色和强度，并且可以将新光照添加到 3D 场景中。

(2) 3D 图层：执行"3D"|"从图层新建网格"|"明信片"命令，将 2D 图层转换为 3D 图层。如果只有背景图层，就将背景图层转换为 3D 图层。执行"3D"|"从图层新建网格"|"网格预设"下的相应命令，可以创建具有一定形状的 3D 图层。执行"3D"|"从图层新建网格"|"深度映射到"下的相应命令，可以创建将图像设置为某效果的 3D 图层。

(3) 3D 工具：当选中 3D 图层时，就会激活移动工具选项栏中的 3D 模式，此时 3D 模式中包含 5 个 3D 相机按钮，分别是环绕移动 3D 相机、滚动 3D 相机、平移 3D 相机、滑动 3D 相机和变焦 3D 相机，利用这些按钮可更改场景视图；当选中 3D 对象后，3D 模式中包含的 5 个按钮变为旋转 3D 对象、滚动 3D 对象、拖动 3D 对象、滑动 3D 对象和缩放 3D 对象，利用这些按钮可更改 3D 对象的位置或大小。

(4) 时间轴面板：执行"窗口"|"时间轴"命令可打开时间轴面板，该面板用于创建视频时间轴和帧动画两种动画效果。视频时间轴动画和帧动画可以相互转换。

(5) 对 2D 图层可以设置位置、不透明度和样式动画效果。对 3D 图层可以设置位置、不透明度、样式、3D 相机位置、3D 渲染位置和 3D 横截面等动画效果。如果要利用动画单独表示不同的对象效果，最好是将这些对象创建在不同的图层上。

3. 实验内容

制作 3D 对象和动画效果。

4. 实验步骤

实验所用的素材存放在"实验\素材\实验 10"文件夹中。实验样张存放在"实验\样张\实验 10"文件夹中。

(1) 打开图像文件。执行"文件"|"打开"命令，打开素材文件夹中的"tyfg.jpg"和"xihu.jpg"文件。

(2) 将"xihu.jpg"图像合成到"tyfg.jpg"图像窗口。

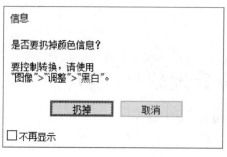

信息

是否要扔掉颜色信息?

要控制转换,请使用
"图像">"调整">"黑白"。

扔掉　　取消

□不再显示

图 10-1　"信息"对话框

① 向下拖动"xihu.jpg"图像标题栏,使之成为浮动窗口。

② 按 Ctrl+A 快捷键选中图像,使用移动工具将其拖到"tyfg.jpg"图像窗口,并移至窗口中央。

③ 回到"xihu.jpg"图像窗口,执行"图像"|"模式"|"灰度"命令,打开如图 10-1 所示"信息"对话框,单击"扔掉"按钮,将图像转化为灰度模式。

④ 将此灰度模式图像合成到"tyfg.jpg"图像窗口,并移到中央,如图 10-2 所示。

图 10-2　合成图像后的效果

(3) 设置 3D 球体深度网格效果。

① 单击"图层 2"图层,使"图层 2"成为当前图层。

② 执行"3D"|"从图层新建网格"|"深度映射到"|"球体"命令,打开如图 10-3 所示"Adobe Photoshop"提示框。单击"是"按钮,将灰度图像设置为球体效果。

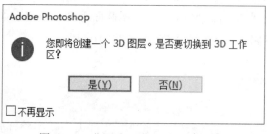

Adobe Photoshop

您即将创建一个 3D 图层。是否要切换到 3D 工作区?

是(Y)　　否(N)

□不再显示

图 10-3　"Adobe Photoshop"提示框

③ 在工具选项栏单击"变焦 3D 相机"按钮 ▣,缩小球体,单击"平移 3D 相机"按钮 ✛,将球体移至画面左下角。单击工具箱中除移动工具外任意工具退出场景视图,此时画面如图 10-4 所示。

图 10-4　球体效果

（4）创建酒瓶形状。

① 单击"图层 1"图层，使"图层 1"成为当前图层。

② 执行"3D"|"从图层新建网格"|"网格预设"|"酒瓶"命令，即以当前选择的图层内容为材质创建酒瓶形状。

③ 执行"窗口"|"3D"命令，打开 3D 面板，如图 10-5 所示。

图 10-5　3D 面板

图 10-6　属性面板

（5）为酒瓶形状设置材质。

① 单击 3D 面板中的瓶子材质，在打开的属性面板中，在材质下拉列表中选择"绿宝石"材质，如图 10-6 所示。

② 单击 3D 面板中的盖子材质，在打开的属性面板中，在材质下拉列表中选择"金属-红铜"材质，设置完后画面效果如图 10-7 所示。

（6）为酒瓶形状设置光源。

① 单击 3D 面板中的无限光，使用工具箱中的移动工具，如图 10-8 所示旋转光源。

图 10-7　设置材质后的画面效果

图 10-8　旋转光源后的效果

②　单击工具箱中的选框工具,退出光源设置。

(7)　打开时间轴面板。执行"窗口"|"时间轴"命令,打开时间轴面板,如图 10-9 所示。

图 10-9　时间轴面板

(8)　在时间轴面板中,单击创建视频时间轴(如果显示的是创建帧动画,则在此下拉列表中选择创建视频时间轴),拖动三角形滑块控制时间轴显示比例,分别拖动"图层 1"和"图层 2"紫色区域右边框,设置动画持续时间为 3 s,此时时间轴面板如图 10-10 所示。

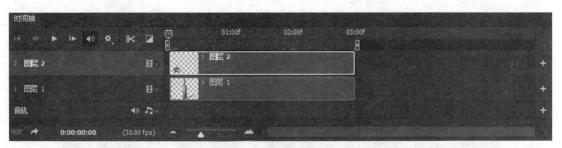

图 10-10　视频时间轴

（9）为"图层 1"中的 3D 对象创建动画效果。

① 单击时间轴面板中"图层 1"前的按钮 ❯，展开"图层 1"设置项目。单击"不透明度"左侧的"启用关键帧动画"按钮，在 00:00:00:00 位置处创建关键帧，如图 10-11 所示。

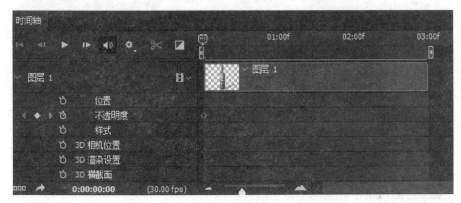

图 10-11　设置关键帧后的时间轴面板

② 在图层面板中，为"图层 1"设置"不透明度"为 0%，如图 10-12 所示。

③ 向右拖动"当前时间指示器"按钮 🐱 至 00:00:02:00 处，为"图层 1"设置"不透明度"为 100%，即在此位置处创建关键帧。

④ 将"当前时间指示器"按钮拖至 00:00:00:00 处，单击时间轴面板中的播放按钮观看效果，可以看到酒瓶逐渐显示的效果。

⑤ 单击时间轴面板中"图层 1"前的按钮 ❮，折叠"图层 1"设置项目。

（10）为"图层 2"中 3D 对象创建动画效果。

① 单击时间轴面板中"图层 2"前的按钮 ❯，展开"图层 2"设置项目。将"当前时间指示器"按钮 🐱 拖至 00:00:00:00 处。单击"3D 相机位置"左侧的"启用关键帧动画"按钮，在此位置创建关键帧。

② 向右拖动"当前时间指示器"按钮至 00:00:02:00 处，单击"在播放头处添加或移除关键帧"按钮 ◇，在此位

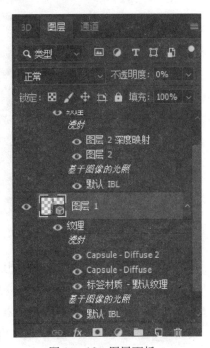

图 10-12　图层面板

81

置创建关键帧,此时时间轴如图 10 - 13 所示。

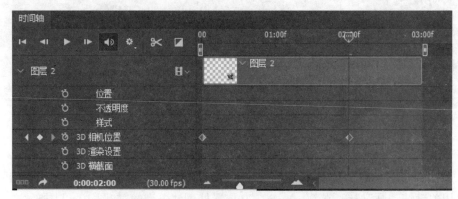

图 10 - 13　设置 3D 相机位置关键帧后的时间轴

③ 单击移动工具,单击 3D 工具选项栏"平移 3D 相机"按钮 ,将球体移至画面右侧。单击工具箱中除移动工具外任意工具退出场景视图。

④ 将"当前时间指示器"按钮拖至 00:00:00:00 处,单击时间轴面板中的播放按钮观看效果,可以看到球体由左侧移动到右侧。效果如"ps4yz.gif"文件所示。

⑤ 单击时间轴面板中"图层 2"前的 按钮,折叠"图层 2"设置项目,并将"当前时间指示器"按钮拖至 00:00:00:00 处。

(11) 利用横排文字工具在画面右上角位置输入文字"3D 动画",并设置文字:华文彩云、160 点、颜色为♯615d5f。

(12) 为文字图层设置动画。

① 拖动紫色区域右边框,设置动画持续时间为 3 s,如图 10 - 14 所示。

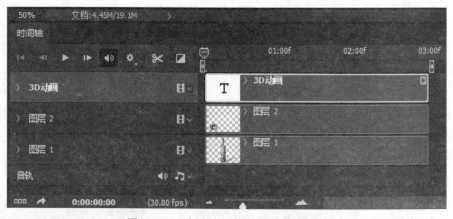

图 10 - 14　加文字图层后的时间轴面板

② 单击时间轴面板中文字图层前的按钮 ,展开文字图层设置项目。

③ 单击"样式"左侧的"启用关键帧动画"按钮,在 00:00:00:00 处创建关键帧。

④ 向右拖动"当前时间指示器"至 00:00:01:00 处,单击"在播放头处添加或移除关键帧"按钮 创建关键帧。在图层面板中,单击"添加图层样式"按钮,打开系统预定义的图层样式,单击"渐变叠加"选项,打开"图层样式"对话框,选择"色谱"渐变效果,单击"确定"按钮。

⑤ 向右拖动"当前时间指示器"至 00:00:02:00 处,单击"在播放头处添加或移除关键帧"按钮  创建关键帧,此时时间轴面板如图 10－15 所示。

图 10－15 设置文字图层动画效果后的时间轴面板

⑥ 在图层面板中,单击"添加图层样式"按钮,打开系统预定义的图层样式,单击"投影"选项,打开"图层样式"对话框,设置"距离"为 30 像素,其他默认,如图 10－16 所示。单击"确定"按钮。

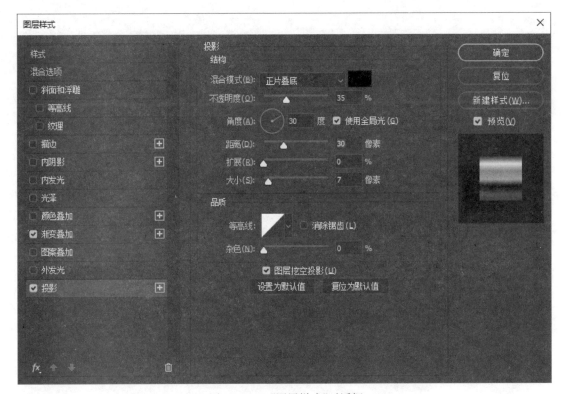

图 10－16 "图层样式"对话框

（13）保存 PSD 格式文件。执行"文件"|"存储为"命令,将图像以"ps4.psd"保存在指定文件夹中。

（14）保存 GIF 格式文件。执行"文件"|"导出"|"存储为 Web 所用格式（旧版）"命令,设

置图像格式为 gif,图像"宽度"为 720 像素,"高度"为 540 像素。单击"存储"按钮,将图像以"ps4.gif"保存在指定文件夹中。

5.思考题

(1)如何缩放 3D 对象?

(2)如何创建帧动画?怎样将视频时间轴动画转换为帧动画?

(3)可以为背景图层创建动画效果吗?

(4)怎样保存具有动画效果的图像?

实验 11　Photoshop 图像处理软件(五)
——综合实例

1. 实验目的

(1) 熟练使用工具箱中的各种工具。

(2) 掌握路径的使用。

(3) 掌握通道的使用。

2. 相关知识点

(1) 形状工具组:形状工具组包括矩形工具、圆角矩形工具、椭圆工具、多边形工具、直线工具和自定形状工具共 6 种,利用形状工具可以绘制路径或形状图层。

(2) 路径:路径由锚点、方向线和方向点构成。路径可以是闭合的,也可以是开放的。利用形状工具或钢笔工具可以绘制路径,可以沿着开放或闭合的路径输入文字。路径和选区可以相互转换。

(3) 通道:通道被用来存放图像的颜色信息及自定义的选区,使用通道不仅可以得到特殊的选区,还可以通过改变通道中存放的颜色信息来调整图像的色调。可以创建、复制、删除、分离和合并通道。

(4) 图层组。用户可以将多个相关的图层放到一个图层组中进行有效组织和管理,这类似在文件夹里存放和管理图层。

(5) 链接图层:链接图层就是将多个图层链接在一起操作,链接图层后,可以方便地同时移动多个图层,也可以同时对链接的图层自由变形。如果要对链接过的图层进行单独操作,则必须首先解除链接。

(6) 智能对象:智能对象是嵌入在当前文件中的,可以是位图,也可以是矢量图。执行"图层"|"智能对象"|"转换为智能对象"命令,或者右击图层,在打开的快捷菜单中选择"转换为智能对象"命令,即可将图层转换为智能对象。在 Photoshop 中,对智能对象进行处理时不会直接应用到对象的源数据,因此不会影响源数据。

(7) 智能滤镜:智能滤镜是应用于智能对象的滤镜,兼具滤镜和智能对象特点,是一种非破坏性的滤镜,可作为图层效果保存在图层面板中。用户可以调整、移去或隐藏智能滤镜。双击智能滤镜指示文字,可在打开的对话框中重新调整滤镜参数。

3. 实验内容

制作垃圾分类海报。

4. 实验步骤

实验所用的素材存放在"实验\素材\实验 11"文件夹中。实验样张存放在"实验\样张\实验 11"文件夹中。

（1）新建一个图像文件。执行"文件"|"新建"命令，打开"新建文档"对话框。在该对话框中设置参数："宽度"为 800 像素，"高度"为 600 像素，"分辨率"为 72 像素/英寸，"颜色模式"为 8 位 RGB 颜色，"背景内容"为白色。单击"创建"按钮，如图 11-1 所示。

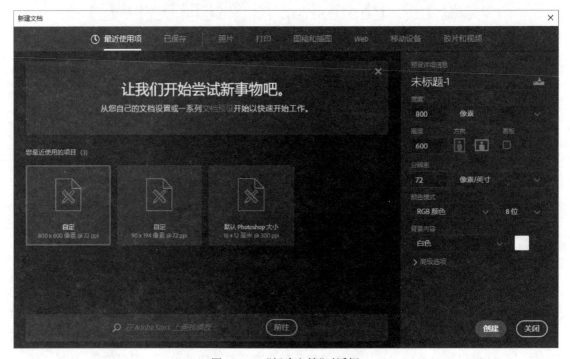

图 11-1 "新建文档"对话框

（2）将"beijing.jpg"图像合成到新建图像窗口。

① 执行"文件"|"打开"命令，打开素材文件夹中的"beijing.jpg"文件。向下拖动"beijing.jpg"图像标题栏，使之成为浮动窗口。

② 按 Ctrl+A 快捷键，选中图像，使用移动工具将其拖到新建图像窗口，并移至窗口中央。

③ 在图层面板中，右击"图层 1"，在打开的快捷菜单中选择"向下合并"命令，将"图层 1"合并到背景图层中。

（3）将"yun.jpg"图像合成到新建图像窗口。

① 执行"文件"|"打开"命令，打开素材文件夹中的"yun.jpg"文件，向下拖动"yun.jpg"图像标题栏，使之成为浮动窗口。

② 按 Ctrl+A 快捷键，选中图像，使用移动工具将其拖到新建图像窗口，缩放图像至合适大小，如图 11-2 所示。

③ 在图层面板中，单击"添加图层蒙版"按钮，利用工具箱渐变工具对蒙版执行自上而下线性黑白渐变，再使用画笔工具（设置画笔工具"不透明度"为 30%，画笔大小为 48，前景色为黑色）进行涂抹，使之与背景更融合。处理后的效果如图 11-3 所示。

（4）制作干垃圾桶。

① 单击工具箱中的圆角矩形工具，在工具选项栏下拉列表中选择"形状"，并设置填充颜

图 11-2 云合成到图像窗口

图 11-3 使用蒙版后的图像

色为♯000000，在图像窗口拖动鼠标，绘制第 1 个圆角矩形。

　　② 执行"编辑"|"变换路径"|"扭曲"命令，分别拖动左上角和右上角的白色控点向左右两侧各拉约 5.0°。在画面其他地方单击鼠标，弹出如图 11-4 所示"Adobe Photoshop"提示框，单击"是"按钮。

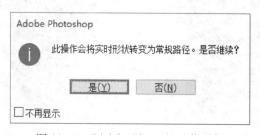

图 11-4 "Adobe Photoshop"提示框

③ 在图层面板中,单击"添加图层蒙版"按钮,设置前景色为白色(♯FFFFFF),背景色为黑色(♯000000)。利用工具箱渐变工具做前景色到背景色线性渐变(由图形内侧向右边拉),使右侧边缘有黑白渐变效果。

④ 右击该图层,在打开的快捷菜单中选择"转换为智能对象"命令,将该图层转换为智能对象后,再次添加图层蒙版,利用工具箱渐变工具做前景色到背景色线性渐变(由图形内侧向左边拉),使左侧边缘也有黑白渐变效果,如图 11-5 所示。

⑤ 单击工具箱中的圆角矩形工具,在工具选项栏下拉列表中选择"形状",并设置填充颜色为♯8b8b8b,绘制第 2 个圆角矩形,如图 11-6 所示。

图 11-5　圆角矩形 1　　　　　　　图 11-6　圆角矩形 2

⑥ 单击工具箱中的圆角矩形工具,在工具选项栏下拉列表中选择"形状",并设置填充颜色为♯7c7c7c,绘制第 3 个圆角矩形。

⑦ 执行"编辑"|"变换路径"|"扭曲"命令,分别将左上角和右上角的白色控点向内拉一定度数,如图 11-7 所示。

⑧ 单击工具箱中的圆角矩形工具,绘制第 4 个圆角矩形。

图 11-7　圆角矩形 3　　　　　　　图 11-8　圆角矩形 4

⑨ 执行"编辑"|"变换路径"|"扭曲"命令,分别将左下角和右下角的白色控点向左右两侧各拉一定度数。

⑩ 在图层面板中,单击"添加图层样式"按钮,选择"渐变叠加",单击渐变图案打开"渐变编辑器"对话框,在"预设"区域中单击"黑,白渐变",单击"确定"按钮。回到"图层样式"对话框,单击"确定"按钮,如图 11-8 所示。至此干垃圾桶制作完成。

(5) 制作其他几个垃圾桶。

① 同时选中干垃圾桶的 4 个图层,右击,在打开的快捷菜单中选择"链接图层"命令,使4 个图层成为链接图层。

② 右击,在打开的快捷菜单中选择"复制图层"命令,即可复制干垃圾桶的 4 个图层。共复制图层 3 次,4 个垃圾桶依次放好。如垃圾桶大小不合适,可以按 Ctrl+T 快捷键,缩放垃圾桶至合适大小。

③ 分别修改复制的 3 个垃圾桶各图层中圆角矩形的颜色。各圆角矩形颜色设置如表11-1所示。修改填充色时先要栅格化图层,然后再填充颜色(Ctrl+单击该图层载入选区,执行"编辑"|"填充"命令,设置相应颜色填充)。对圆角矩形 4 的渐变叠加效果不用载入选区,直接在图层面板中双击"渐变叠加",再打开"渐变编辑器",将黑白渐变中的黑色色标颜色修改为所需颜色即可。

表 11-1　颜 色 设 置

	圆角矩形 1	圆角矩形 2	圆角矩形 3	圆角矩形 4
干垃圾桶(黑)	＃000000	＃8b8b8b	＃7c7c7c	＃000000-＃FFFFFF 渐变叠加
湿垃圾桶(棕)	＃372311	＃684c33	＃563f2a	＃372311-＃FFFFFF 渐变叠加
有害垃圾桶(红)	＃9e021c	＃b45363	＃ab112b	＃9e021c-＃FFFFFF 渐变叠加
可回收垃圾桶(蓝)	＃0a1bb6	＃5d6beb	＃1226d6	＃0a1bb6-＃FFFFFF 渐变叠加

④ 设置完成后,各垃圾桶效果如图 11-9 所示。

图 11-9　各垃圾桶效果

（6）将各垃圾桶图层分别编组。

① 同时选中干垃圾桶的 4 个图层，执行"图层"|"图层编组"命令，双击组名，修改组名为"干垃圾桶"。

② 按同样的方法将另外 3 个垃圾桶图层分别编组，并修改组名，此时图层面板如图 11-10 所示。

图 11-10　图层面板

（7）为垃圾桶添加文字。

① 利用横排文字工具输入文字"干垃圾"，并设置文字：华文行楷、26 点、白色。利用移动工具移到合适位置。

② 为另外 3 个垃圾桶也输入相应文字，如图 11-11 所示。

图 11-11　输入文字后的垃圾桶

（8）为垃圾桶添加垃圾。

① 执行"文件"|"打开"命令，打开素材文件夹中的"ganlaji.jpg"文件。

② 利用工具箱中的快速选择工具，设置合适的画笔大小，选择面巾纸，将其移动到图像窗口。

③ 执行"编辑"|"变换"|"垂直翻转"命令将其翻转。

④ 执行"编辑"|"自由变换"命令缩放并旋转，放置到合适位置。

⑤ 依次添加笔、卷筒纸和陶瓷花盆。将这 4 个图层编组，组名为"干垃圾"（提醒：选择笔

等时必须按 Ctrl+D 快捷键将前面建立的选区取消）。

⑥ 执行"文件"|"打开"命令，打开素材文件夹中的"yu.jpg"和"penzai.jpg"文件，将鱼和绿萝添加到垃圾桶，将这两个图层编组，组名为"湿垃圾"。

⑦ 执行"文件"|"打开"命令，打开素材文件夹中的"lajifenlei.jpg"文件，放大图像，将其中的废药品和废电池添加到垃圾桶，将这两个图层编组，组名为"有害垃圾"。

⑧ 将废纸、衣服和废塑料瓶添加到垃圾桶，将这三个图层编组，组名为"可回收物"。如图 11-12 所示。

图 11-12 添加垃圾后的垃圾桶

（9）制作图章。

① 在图层面板中，单击"创建新图层"按钮新建一个图层。单击工具箱中的椭圆工具，在选项栏选择"路径"，按住 Shift 键，在图像窗口拖动鼠标绘制圆。

② 设置前景色为红色（♯FF0000），单击工具箱中的画笔工具，设置画笔的大小为 4，"硬度""不透明度"和"流量"均为 100%。在路径面板中，单击"用画笔描边路径"按钮，为圆描边。

③ 单击"将路径作为选区载入"按钮，将路径转换为选区，然后执行"选择"|"修改"|"收缩"命令，打开"收缩"对话框，设置为 30，单击"确定"按钮。最后单击"从选区生成工作路径"按钮，将选区转为路径。

④ 单击工具箱中的横排文字工具，在选项栏设置：黑体、26 点、红色，在路径上单击鼠标，输入"深海垃圾分类"。可以用路径选择工具改变文字位置。

⑤ 单击工具箱中的自定形状工具，在选项栏选择"形状"，选择六角星。在图章中心位置绘制红色六角星。单击工具箱中的横排文字工具，在六角星下面输入文字"专用章"。

⑥ 同时选中图章相关的几个图层，右击，在打开的快捷菜单中选择"链接图层"命令，使 4 个图层成为链接图层。将图章移到画面合适位置，再进行图层编组，并命名为"图章"。

⑦ 右击"图章"图层组，在打开的快捷菜单中选择"转换为智能对象"命令，将"图章"图层组转换为智能对象。

⑧ 执行"滤镜"|"模糊"|"高斯模糊"命令，设置模糊半径为 0.5，对印章进行稍微模糊处理。执行"滤镜"|"滤镜库"|"画笔描边"命令，选择"喷溅"，设置喷溅半径为 2，平滑度为 5，单击"确定"按钮，通过这些滤镜的设置使图章看起来更逼真，如图 11-13 所示。

图 11 - 13　图章

（10）利用横排文字工具在画面上部位置输入文字"垃圾分类 人人有责"，并设置文字：华文彩云、85 点、颜色为♯FF0000。

（11）将蒲公英合成到图像窗口。

① 执行"文件"|"打开"命令，打开素材文件夹中的"pgy.jpg"文件。

② 在通道面板中，选择一个对比度比较明显的通道，选择"红"通道并右击，在打开的快捷菜单中选择"复制通道"命令，复制一个名为"红拷贝"的通道，如图 11 - 14 所示。

图 11 - 14　"红拷贝"通道

③ 选中"红拷贝"通道,执行"图像"|"调整"|"色阶"命令,参数设置如图 11-15 所示。

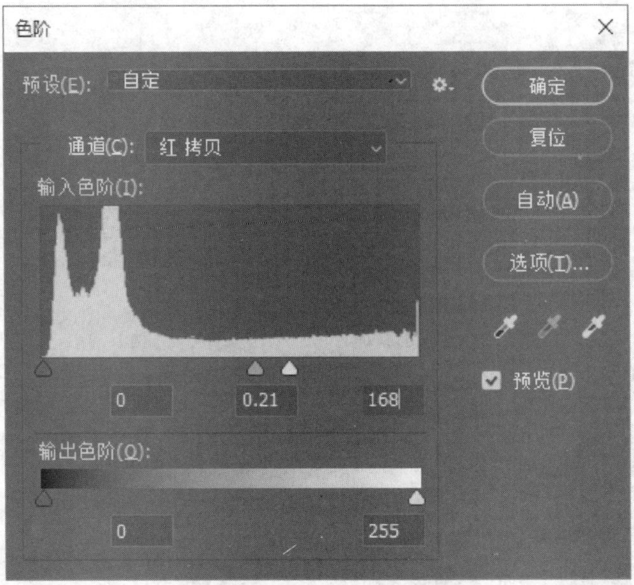

图 11-15　"色阶"对话框

④ 设置前景色为黑色(♯000000),单击工具箱中的画笔工具,设置画笔的大小为 60,"硬度""不透明度"和"流量"均为 100%。用黑色的画笔适当涂抹,效果如图 11-16 所示。

图 11-16　画笔涂抹后的"红拷贝"通道

⑤ 按住 Ctrl 键,单击"红拷贝"通道缩览图,载入选区。

⑥ 单击"RGB"通道,回到图层面板,即得到了所需图像选区。

⑦ 执行"编辑"|"拷贝"命令,回到垃圾分类图像窗口,执行"编辑"|"粘贴"命令,缩小蒲公英并放置到如图 11-17 所示位置。

⑧ 将蒲公英所在图层名修改为"蒲公英"。

图 11-17   添加蒲公英后的画面效果

（12）添加相框效果。

① 执行"窗口"|"动作"命令，打开动作面板。

② 单击 ▤ 按钮，在打开的菜单中选择"画框"命令，将画框动作添加到动作面板中。

③ 在动作面板中，选择"拉丝铝画框"，单击"播放选定的动作"按钮，弹出"信息"提示框，如图 11-18 所示。

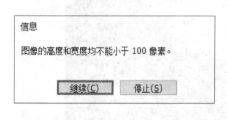

图 11-18   "信息"提示框   图 11-19   隐藏可回收组中的图层

④ 单击"继续"按钮，即可添加拉丝铝画框效果，效果如"ps5yz.gif"文件所示。

（13）制作动画——对可回收物制作帧动画。

① 在图层面板中，展开可回收物组，分别单击可回收物组中各图层左侧的"指示图层可见性"按钮 ，使 3 个图层内容不可见，如图 11-19 所示。

② 执行"窗口"|"时间轴"命令,打开时间轴面板,在如图 11 - 20 所示的下拉列表中选择"创建帧动画"。

图 11 - 20　帧模式和视频模式切换列表

③ 单击"创建帧动画",单击时间轴面板中的"复制所选帧"按钮,并单击图层面板中"图层10"左侧"指示图层可见性"按钮,使"图层 10"内容可见。

④ 单击时间轴面板中的"复制所选帧"按钮,并单击图层面板中"图层 11"左侧"指示图层可见性"按钮,使"图层 11"内容可见。

⑤ 单击时间轴面板中的"复制所选帧"按钮,并单击图层面板中"图层 12"左侧"指示图层可见性"按钮,使"图层 12"内容可见,此时时间轴面板如图 11 - 21 所示。

图 11 - 21　帧模式时间轴面板

⑥ 每帧缩略图下方显示该帧内容播放时间,单击"选择帧延迟时间"按钮 ,设置延迟时间为 0.5 s,如图 11 - 22 所示。

图 11 - 22　设置延迟时间后帧模式时间轴面板

⑦ 单击"播放动画"按钮播放,观看效果。播放效果如"ps5yz.gif"文件所示。

⑧ 单击"停止动画"按钮停止播放。

(14) 保存 PSD 格式文件。执行"文件"|"存储为"命令,将图像以"ps5.psd"保存在指定文件夹中。

(15) 保存 GIF 格式文件。执行"文件"|"导出"|"存储为 Web 和设备所用格式(旧版)"命令,设置图像格式为 gif,单击"存储"按钮,将图像以"ps5.gif"保存在指定文件夹中。

5. 思考题

(1) 图层组与链接图层有何区别?

(2) 路径和选区有何区别和联系?

(3) RGB 模式图像有几个通道? 如何使用通道抠图?

(4) 创建帧动画时,如何使用过渡功能在两帧之间添加设定的帧数,产生动画过渡效果?

实验 12 Animate 动画制作软件(一)
——简单动画

1. 实验目的

(1) 熟悉 Animate 的工作界面。

(2) 掌握 Animate 的基本操作。

(3) 掌握在 Animate 中创建文档以及导出影片的基本方法。

(4) 掌握制作逐帧动画的基本方法。

(5) 掌握制作预设动画的基本方法。

2. 相关知识点

(1) 时间轴面板:是进行动画创作的重要工具,可用来组织动画中的资源并且控制动画的播放。时间轴面板分为左、右两个区域,左边是图层控制区,每一行表示一个图层,右边是帧控制区。图层就像透明的纸,一张张向上叠加。可将不同的对象放到不同的图层,分别制作动画效果。

(2) 逐帧动画:最常见的动画表现方式,相当于传统的动画制作。逐帧动画中几乎所有的帧都是关键帧,每一帧的舞台内容都在变化。

(3) 动画预设:动画预设是预先配置好的补间动画,利用动画预设可以为舞台中的对象快速添加一些基础动画效果。

(4) 编辑界面外观设置:执行"编辑"|"首选参数"命令,在打开的"首选参数"对话框的"常规"选项卡中,可以设置 Animate 软件界面外观。以下 Animate 实验界面采用"用户界面"中的"最亮"选项。

3. 实验内容

(1) 制作逐帧动画:新建一个 Animate 文件,创建文字单词逆向逐字消失的动画效果,并在此基础上实现文字单词正向逐字显示的动画效果。

(2) 利用动画预设制作简单动画:新建一个 Animate 文件,利用动画预设为舞台中的对象添加预设动画效果。

4. 实验步骤

实验所用的素材存放在"实验\素材\实验 12"文件夹中。实验样张存放在"实验\样张\实验 12"文件夹中。

制作逐帧动画

(1) 新建一个 Animate 文件。运行 Animate 软件,在"新建文档"对话框中,选择"角色动画",再选择"平台类型(ActionScript 3.0)"选项,单击"创建"按钮。

(2) 执行"修改"|"文档"命令,在打开的"文档设置"对话框中,设置舞台尺寸为 550 像

素×400像素,舞台颜色为白色,帧频设置为10 fps,单击"确定"按钮。

(3) 执行"文件"|"导入"|"导入到库"命令,将素材文件夹中的"逐帧背景.jpg"导入库中。

(4) 打开库面板,右击导入的图片,在打开的快捷菜单中选择"重命名"命令,修改图片名称为"背景"。

(5) 制作"背景"图层。

① 重命名图层。右击时间轴面板中的"图层_1"图层,在打开的快捷菜单中选择"属性"命令。打开"图层属性"对话框,在"名称"文本框中输入文字"背景",如图12-1所示。单击"确定"按钮。

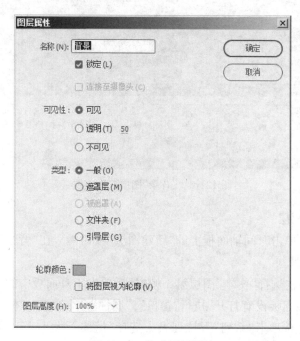

图12-1 修改图层属性

② 制作"背景"图层第1帧。选择"背景"图层第1帧,将库面板中的图片"背景"拖到舞台中(如果库面板没有打开,执行"窗口"|"库"命令)。

③ 将"背景"图片拖动到舞台中,执行"窗口"|"对齐"命令,打开对齐面板,如图12-2所示。勾选"与舞台对齐"复选框,单击"水平中齐"和"垂直中齐"按钮,使素材在舞台中水平垂直居中。

④ 延长帧的播放时间。右击"背景"图层第35帧,在打开的快捷菜单中选择"插入帧"或"插入关键帧"命令,或者单击第35帧后按F6快捷键插入一个关键帧,延长帧的播放时间。

⑤ 锁定"背景"图层。单击"背景"图层名称右侧下空白区域,锁定"背景"图层,如图12-3所示。

图12-2 对齐面板

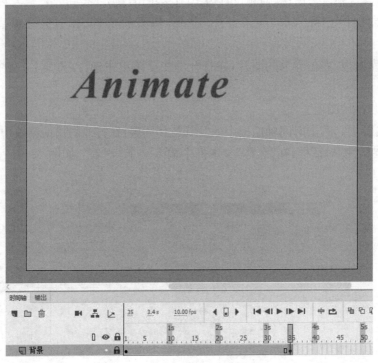

图 12-3　"背景"图层制作完成

（6）制作"文本"图层。

① 插入新图层。单击时间轴面板上的"新建图层"按钮 ，在"背景"图层上插入新图层，将图层重命名为"文本"。

② 输入文字。单击选择"文本"图层第 1 帧，然后单击工具面板中的"文本工具"按钮 T，在属性面板（如果属性面板没有打开，执行"窗口"|"属性"命令）的"文本工具"下拉列表中选择"静态文本"，在"字符"选项卡"系列"下拉列表中选择"楷体"、大小 65.0 磅、颜色为红色，如图 12-4 所示。鼠标在舞台相应位置单击，在出现的方框中输入文字"动画制作软件"，如图 12-5 所示，输入完毕在文字外单击，退出输入状态。

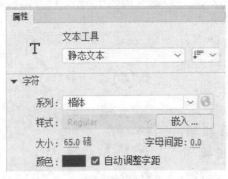

图 12-4　"文本工具"的属性面板

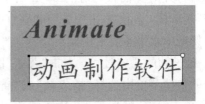

图 12-5　"文本"图层第 1 帧中的文本

③ "分离"文字。将当前工具切换成"选择工具"，右击"动画制作软件"对象，在打开的快捷菜单中选择"分离"命令，将文本分离成单个文字，如图 12-6 所示。此操作也可通过按

Ctrl+B 快捷键来实现。

④ 制作"逐字消失"动画效果。右击"文本"图层第 5 帧,在打开的快捷菜单中选择"插入关键帧"命令,在"文本"图层的第 5 帧,单击选中"件"(因为在第③步中已做过一次分离操作,所以此时可以单独选中某一个字),按 Delete 键将其删除,删除后的效果如图 12-7 所示。

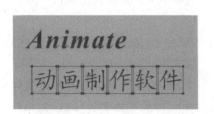

图 12-6 "分离"后的文本　　　　　图 12-7 "文本"图层第 5 帧中的文本

⑤ 在"文本"图层第 10 帧插入关键帧,删除"软";在第 15 帧插入关键帧,删除"作";在第 20 帧插入关键帧,删除"制";在第 25 帧插入关键帧,删除"画";在第 30 帧插入关键帧,删除"动";在第 35 帧插入关键帧,此时为空画面。动画制作完成后的时间轴如图 12-8 所示。

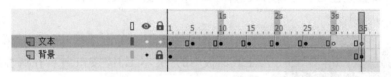

图 12-8 文字制作完成后的时间轴

⑥ 按 Ctrl+Enter 键,查看当前动画效果。当前动画是"动画制作软件"字样一个字一个字消失。效果如样张"an1-1yz.swf"所示。

(7) 执行"文件"|"保存"命令,将文件以"an1-1.fla"保存在指定文件夹中。

(8) 执行"文件"|"导出"|"导出影片"命令,导出文件的文件名为"an1-1.swf"。

(9) 制作"文本"图层的逐字显示效果。

① 修改"文本"图层名。将"an1-1.fla"另存为"an1-2.fla"。右击"文本"图层,在打开的快捷菜单中选择"属性"命令,重命名图层为"文本逐字显示",如图 12-9 所示。

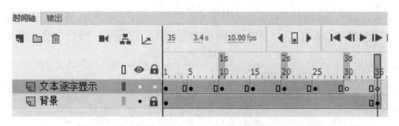

图 12-9 增加"文本逐字显示"图层后的时间轴

② 实现动画倒放效果。单击选择"文本逐字显示"图层,选中该层所有帧,右击,在打开的快捷菜单中选择"翻转帧"命令,此时时间轴如图 12-10 所示。

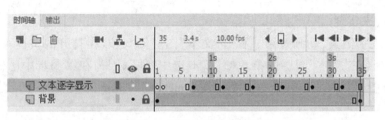

图 12-10 "翻转帧"后的时间轴

③ 按 Ctrl+Enter 键,查看当前动画效果。当前动画是"动画制作软件"字样一个字一个字出现在舞台中。

(10) 执行"控制"|"测试影片"|"在 Animate 中"命令,观看动画效果。最终效果如样张"an1-2yz.swf"所示。

(11) 执行"文件"|"保存"命令,将文件以"an1-2.fla"为文件名保存在指定文件夹中。

(12) 执行"文件"|"导出"|"导出影片"命令,导出文件的文件名为"an1-2.swf"。

使用动画预设

(1) 新建一个 Animate 文件。运行 Animate 软件,在"新建文档"对话框中,选择"角色动画",再选择"平台类型(ActionScript 3.0)"选项,单击"创建"按钮。

(2) 执行"修改"|"文档"命令,在打开的"文档设置"对话框中,设置舞台尺寸为 550 像素×400 像素,舞台颜色为黑色,帧频设置为 24 fps,单击"确定"按钮。

(3) 使用动画预设。

图 12-11 输入文字后的效果

① 制作文字图层。单击选择"图层_1"第 1 帧,然后单击工具面板中的"文本工具"按钮 **T**,在属性面板(如果属性面板没有打开,执行"窗口"|"属性"命令)的"文本工具"下拉列表中选择"静态文本",在"字符"选项卡"系列"下拉列表中选择"微软雅黑"、大小 30.0 磅、颜色为黄色。鼠标在舞台相应位置单击,在出现的方框中输入素材文件"动画预设文本.txt"中的文字,并适当调整大小,得到如图 12-11 所示效果。

② 使用"3D 文本滚动"动画预设。利用"选择工具"选中上述文字,执行"窗口"|"动画预设"命令,在"动画预设"面板中,单击展开"默认预设",单击"3D 文本滚动",可查看其默认效果,单击"应用"按钮将该效果应用于舞台中的文字(如弹出对话框询问是否要对其进行转换并创建补间,单击"确定")。此时时间轴如图 12-12 所示,舞台如图 12-13 所示。

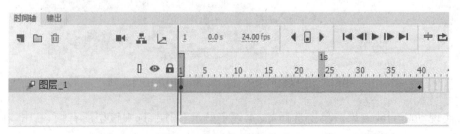

图 12-12 应用"3D 文本滚动"后的时间轴

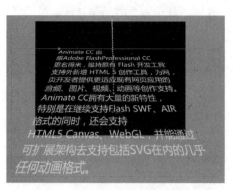

图 12-13　应用"3D 文本滚动"后的舞台

图 12-14　调整动画轨迹后的舞台

③ 此时可通过按 Ctrl＋Enter 键查看动画效果。

④ 调整动画起点和终点。拖动舞台中蓝色动画轨迹的起点和终点,使得文字由舞台底部外进入舞台,再最终消失在舞台顶部之外,如图 12-14 所示。

⑤ 调整动画时间。如果觉得动画时间过短,文字滚动过快,也可以将鼠标移动到时间轴40 帧(动画结尾帧)的边缘,当鼠标显示为双向箭头时,如图 12-15 所示,可按住鼠标不放并向右拖动延长至 100 帧,从而延长动画时间。

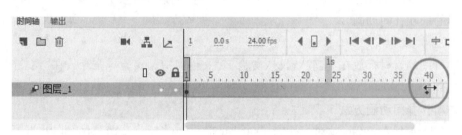

图 12-15　拖动动画结尾帧从而延长动画时间

(4) 执行"控制"|"测试影片"|"在 Animate 中"命令,观看动画效果。最终效果如样张"an1-3yz.swf"所示。

(5) 执行"文件"|"保存"命令,将文件以"an1-3.fla"为文件名保存在指定文件夹中。

(6) 执行"文件"|"导出"|"导出影片"命令,导出文件的文件名为"an1-3.swf"。

5.思考题

(1) 关键帧、空白关键帧、普通帧各有什么特点?

(2) 如何制作逐帧动画?

(3) 文字对象"分离"一次是什么效果?再"分离"一次又是什么效果?

(4) "动画预设"面板"默认预设"各个效果如何?

实验 13　Animate 动画制作软件(二)
——补间动画

1. 实验目的

(1) 掌握制作动作补间动画的基本方法。

(2) 掌握制作形状补间动画的基本方法。

2. 相关知识点

(1) 动作补间动画：用来制作一个对象因属性的变化而产生的动画效果。使用 Animate 中的"创建传统补间"命令和"创建补间动画"命令，可以轻松地制作动作补间动画。

(2) 形状补间动画：创建的是形状逐渐变化的动画效果，主要用来制作从一个对象逐渐变为另一个对象，或者同一个对象的颜色、形状逐渐变化的动画。

3. 实验内容

(1) 制作动作补间动画：新建一个 Animate 文件，创建彩色圆盘在舞台中滚动的动画。

(2) 制作形状补间动画：新建一个 Animate 文件，创建文字变形及矩形先变成五角星再变成圆形的形状补间动画。

4. 实验步骤

实验所用的素材存放在"实验\素材\实验 13"文件夹中。实验样张存放在"实验\样张\实验 13"文件夹中。

制作动作补间动画方法 1

(1) 新建一个 Animate 文件。运行 Animate 软件，在"新建文档"对话框中，选择"角色动画"，再选择"平台类型(ActionScript 3.0)"选项，单击"创建"按钮。

(2) 执行"修改"|"文档"命令，在打开的"文档设置"对话框中，设置舞台尺寸为 800 像素×400 像素，舞台颜色为白色，帧频设置为 12 fps，单击"确定"按钮。

(3) 制作"圆盘"元件。

① 新建元件。执行"插入"|"新建元件"命令，或按快捷键 Ctrl+F8。在打开的"创建新元件"对话框的"名称"文本框中输入文字"圆盘"，"类型"选择"图形"，如图 13-1 所示。单击"确定"按钮。

② 绘制圆盘基础形状。在元件编辑模式下，单击工具面板中的"椭圆工具"按钮 ◯，在属性面板的"填充和笔触"选项卡中，设置笔触颜色为黑色、填充颜色为无 ▱，笔触为 2.00，如图 13-2 所示。

确保工具面板最下方的"对象绘制"按钮 ◙ 和"贴紧至对象"按钮 ⌒ 均处于"未选中"状态(此项可以保证画出的图形是矢量图形而不是对象)，按住 Shift 键，在舞台上绘制一个圆形。选中该圆形，执行"修改"|"对齐"|"与舞台对齐"命令(若"与舞台对齐"命令前有✓则无需执行此命令)，再执行"修改"|"对齐"|"水平居中"命令，使得素材在舞台中水平居中，最后执行"修

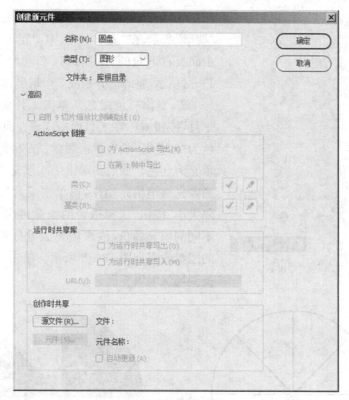

图 13 - 1　"创建新元件"对话框

改"|"对齐"|"垂直居中"命令,使得素材在舞台中垂直居中。

③ 分割圆形。单击工具面板中的"线条工具"按钮 ／,在属性面板中设置笔触颜色为黑色、笔触为 2.00。按住 Shift 键,在舞台上绘制一条水平线条,长度要大于上述圆形的直径。单击工具面板中的"选择"按钮 ▶,选中该线条,执行"修改"|"对齐"|"垂直居中"命令,使得素材在舞台中垂直居中。此时该线条穿过圆心,并且两端会超出圆形范围。先在空白处单击,取消线条整体选中状态,再分别单击圆形外部的线条部分,按 Delete 键删除多余部分,最终效果如图 13 - 3 所示。

图 13 - 2　椭圆工具属性设置

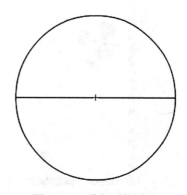

图 13 - 3　分割后的圆形

图 13-4 线条"变形"设置

④ 分割圆盘。选中圆形内部线条,执行"窗口"|"变形"命令,在"变形"面板中,"旋转"设置为45.0°,单击面板右下角的"重制选区和变形"按钮3次,如图13-4所示,将圆形分割成8个扇形,如图13-5所示。

⑤ 制作彩色圆盘。单击工具面板中的"颜料桶工具"按钮 🎨 ,在工具面板或属性面板中设置填充颜色为"红色"。然后单击圆盘任一扇形,将该扇形区域填充为红色。如遇到单击一次填充了多片扇形区域,则需先撤销填充动作,再单击工具面板最下方的"间隔大小"按钮,选择适合的空隙再次填充即可。选择不同的填充颜色,依次填充圆盘分割扇形,最后彩色的圆盘效果如图13-6所示。单击"场景1"按钮,切换到场景编辑界面。

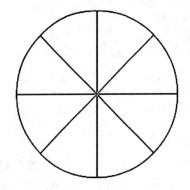

图 13-5 分割后的圆形

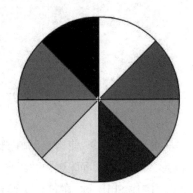

图 13-6 制作完成的彩色圆盘元件

(4) 制作动作补间动画。

① 制作"图层_1"第1帧。选择"图层_1"第1帧,将库面板中的圆盘元件拖到舞台左上方中(动作补间动画必须针对元件才有效),利用"任意变形工具"调整圆盘至合适大小,如图13-7所示。

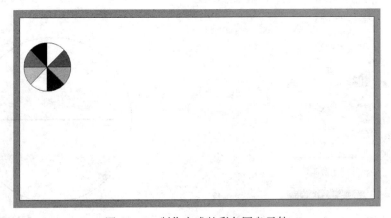

图 13-7 制作完成的彩色圆盘元件

② 制作"图层_1"第 50 帧。在"图层_1"第 50 帧处插入关键帧。将舞台左上方的圆盘元件拖到舞台右下方,利用"任意变形工具"放大圆盘至合适大小。

③ 制作动作补间动画。右击"图层_1"第 1 帧,在打开的快捷菜单中选择"创建传统补间"命令,此时第 1 帧至第 50 帧会变成淡紫色背景并有一个实线箭头由第 1 帧指向第 50 帧,如图 13－8 所示。动作补间动画创建成功。

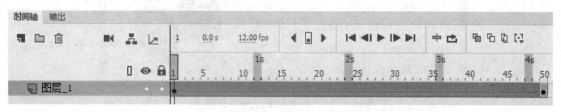

图 13－8　创建传统补间后的时间轴

④ 设置动作补间动画参数。单击"图层_1"第 1 帧,在属性面板的"补间"选项卡中,"旋转"设置为顺时针。

(5) 执行"控制"|"测试影片"|"在 Animate 中"命令,观看动画效果。最终效果如样张"an2-1yz.swf"所示。

(6) 执行"文件"|"保存"命令,将文件以"an2-1.fla"为文件名保存在指定文件夹中。

(7) 执行"文件"|"导出"|"导出影片"命令,导出文件的文件名为"an2-1.swf"。

制作动作补间动画方法 2

(1) 重复上述"制作动作补间动画方法 1"步骤(1)～步骤(2)。

(2) 将已制作的圆盘元件导入舞台。

① 执行"文件"|"导入"|"打开外部库"命令,选择"an2-1.fla",单击"打开"按钮。打开"库-an2-1.fla"面板。

② 将圆盘元件拖到舞台中左上角位置,并缩小至合适大小。

(3) 制作动作补间动画。

① 右击"图层_1"第 1 帧,在打开的快捷菜单中选择"创建补间动画"命令,此时第 1 帧会自动延长至第 12 帧,且时间轴会变成米黄色背景,如图 13－9 所示。

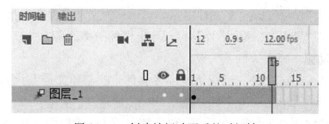

图 13－9　创建补间动画后的时间轴

② 调整动作补间动画时间。将鼠标移动到"图层_1"第 12 帧(动画结尾帧)的边缘,当鼠标显示为双向箭头时按住鼠标不放并向右拖动延长至 50 帧,从而延长动画时间。

③ 设置动作补间动画结尾画面。单击"图层_1"第 50 帧(最后一帧),拖动舞台上的圆盘元件至舞台右下方,并适当放大,此时效果如图 13－10 所示。

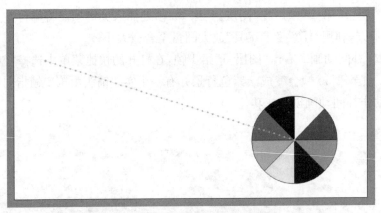

图 13-10　创建补间动画后的舞台

④ 设置动作补间动画结尾参数。舞台中的一些浅绿色点组成的直线代表补间动画的运动路径,选中"图层_1"第 50 帧,设置属性面板"旋转"选项卡中"旋转"为 1 次,再单击"选择工具"按钮,拖动运动路径从而调整圆盘运动轨迹,此时效果如图 13-11 所示。

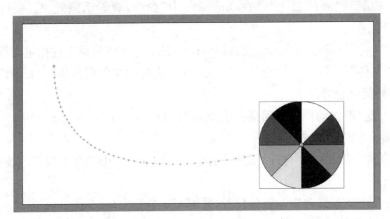

图 13-11　调整后的舞台

(4) 执行"控制"|"测试影片"|"在 Animate 中"命令,观看动画效果。最终效果如样张"an2-2yz.swf"所示。

(5) 执行"文件"|"保存"命令,将文件以"an2-2.fla"为文件名保存在指定文件夹中。

(6) 执行"文件"|"导出"|"导出影片"命令,导出文件的文件名为"an2-2.swf"。

制作形状补间动画

(1) 新建一个 Animate 文件。运行 Animate 软件,在"新建文档"对话框中,选择"角色动画",再选择"平台类型(ActionScript 3.0)"选项,单击"创建"按钮。

(2) 执行"修改"|"文档"命令,在打开的"文档设置"对话框中,设置舞台尺寸为 500 像素×500 像素,舞台颜色为白色,帧频设置为 12 fps,单击"确定"按钮。

(3) 制作文字形状补间动画。

① 重命名图层。右击时间轴面板中的"图层_1"图层,在打开的快捷菜单中选择"属性"命令。打开"图层属性"对话框,在该对话框的"名称"文本框中输入文字"文本",单击"确定"按钮。

② 制作"文本"图层第 1 帧。单击选择"文本"图层第 1 帧,然后单击工具面板中的"文本工具"按钮 **T**,在属性面板(如果属性面板没有打开,执行"窗口"|"属性"命令)的"文本工具"下拉列表中选择"静态文本",在"字符"选项卡"系列"下拉列表中选择"黑体"、大小 70.0 磅、颜色为红色。鼠标在舞台相应位置单击,在出现的方框中输入文字"自强不息",输入完毕在文字外单击,退出输入状态。

③ "分离"文字。选择舞台中的文本"自强不息",执行"修改"|"分离"命令两次(直到分离命令无效),将文本对象转换为矢量图形,如图 13 - 12 所示。此操作也可通过按 2 次 Ctrl+B 快捷键实现。

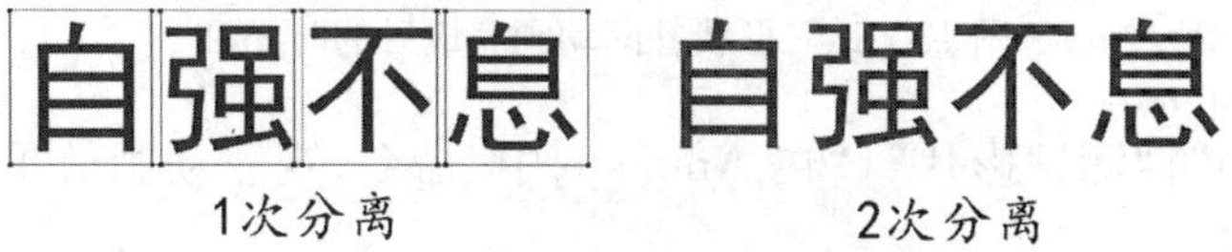

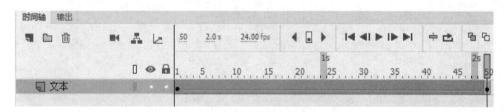

图 13 - 12　两次"分离"后的文本对比

④ 制作"文本"图层第 50 帧。右击"文本"图层第 50 帧,在打开的快捷菜单中选择"插入关键帧"命令,舞台上会出现和第 1 帧一样的内容,删除舞台上的"自强不息"矢量图形,输入和第 1 帧格式一样的文字"求实创新",并对其执行两次分离操作。

⑤ 创建补间形状动画。右击"文本"图层第 1 帧,在打开的快捷菜单中选择"创建补间形状"命令,此时第 1 帧至第 50 帧会变成浅棕色背景并有一个实线箭头由第 1 帧指向第 50 帧,如图 13 - 13 所示。形状补间动画创建成功。

图 13 - 13　形状补间动画完成后的时间轴

(4) 制作图形形状补间动画。

① 插入新图层。在"文本"图层上面插入新图层,将图层重命名为"图形"。

② 制作"图形"图层第 1 帧。单击选择"图形"图层第 1 帧,然后单击工具面板中的"矩形工具"按钮,在属性面板的"填充和笔触"选项卡里,设置笔触颜色为无、填充颜色为绿色。鼠标在舞台相应位置绘制一个矩形矢量图形(注意:此矩形应为矢量图形而不是对象)。

③ 制作"图形"图层第 25 帧。在"图形"图层第 25 帧插入一个空白关键帧,单击工具面板中的"多角星形工具"按钮,在属性面板的"填充和笔触"选项卡里,设置笔触颜色为无、填充颜色为红色;在"工具设置"选项卡里单击"选项"按钮,设置"样式"为星形、边数为 5。鼠标在舞台相应位置绘制一个五角星矢量图形。

④ 制作"图形"图层第 50 帧。在"图形"图层第 50 帧插入一个空白关键帧,如步骤②所示在舞台相应位置绘制一个圆形矢量图形,颜色为蓝色。

⑤ 创建补间形状动画。分别右击"文本"图层第 1 帧、第 25 帧,在打开的快捷菜单中选择

"创建补间形状"命令,此时第1帧至第25帧,第25帧至第50帧会变成浅棕色背景并有一个实线箭头分别由第1帧指向第25帧和第25帧指向第50帧,如图13-14所示。形状补间动画创建成功。

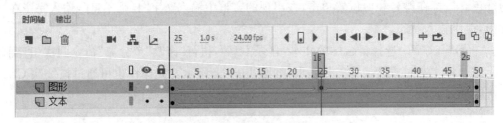

图13-14 形状补间动画完成后的时间轴

(5)执行"控制"|"测试影片"|"在 Animate 中"命令,观看动画效果。最终效果如样张"an2-3yz.swf"所示。

(6)执行"文件"|"保存"命令,将文件以"an2-3.fla"为文件名保存在指定文件夹中。

(7)执行"文件"|"导出"|"导出影片"命令,导出文件的文件名为"an2-3.swf"。

5.思考题

(1)在动作补间动画中,主要通过修改对象的哪些属性来产生动画效果?

(2)在动作补间动画和形状补间动画中,对象分别属于什么类型?

实验 14　Animate 动画制作软件(三)
——引导动画

1. 实验目的

(1) 了解引导层的作用。

(2) 掌握制作引导动画的基本方法。

2. 相关知识点

(1) 引导层：如果让对象沿着指定的路径(曲线)运动，需要添加引导层。引导层是一种特殊的图层类型，引导层中绘制的图形主要用来设置对象的运动轨迹。引导层不从影片中输出，所以不会增加文件的大小。

(2) 引导动画：在引导层绘制好路径后，将对象拖到路径的起始位置和终点位置，然后创建动作补间动画，对象就会沿着指定的路径运动。

3. 实验内容

制作引导动画：新建一个 Animate 文件，制作一只昆虫沿着指定轨迹运动的动画。

4. 实验步骤

实验所用的素材存放在"实验\素材\实验 14"文件夹中。实验样张存放在"实验\样张\实验 14"文件夹中。

(1) 打开一个 Animate 文件。运行 Animate 软件，执行"文件"|"打开"命令，在"打开"对话框中，选择"an3.fla"文件，单击"打开"按钮。

(2) 执行"修改"|"文档"命令，在打开的"文档属性"对话框中，设置舞台尺寸为 500 像素×400 像素，背景颜色为♯33FFFF，帧频设置为 12 fps，单击"确定"按钮。

(3) 重命名图层。将"图层_1"重命名为"昆虫"。

(4) 制作"bug"图形元件。

① 将库面板中的昆虫图片拖到舞台，右击昆虫，在打开的快捷菜单中选择"转换为元件"命令。

② 在打开的"转换为元件"对话框中，将"名称"命名为"bug"，"类型"设置为"图形"，单击"确定"按钮，完成新建"bug"图形元件，如图 14-1 所示。

图 14-1　"转换为元件"对话框

③ 优化元件"bug"。双击库面板中的元件"bug",进入元件编辑模式,此时昆虫依然有白色背景。单击选中昆虫,执行"修改"|"分离"命令。图片分离后,在图片外面单击,使图片不处于选中状态。

④ 长按工具面板中的"套索工具"按钮 🔾 ,在弹出的按钮组中选择"魔术棒"工具 🪄 ,在"魔术棒"属性面板中,设置阈值为20,平滑设置为平滑。利用"魔术棒"工具,在元件"bug"的背景颜色(白色)上单击,则白色区域被选中,执行"编辑"|"清除"命令或按 Delete 键,清除图片的背景颜色。选择工具面板中的"橡皮擦工具" ◆ ,在"橡皮擦工具"属性面板中,适当调整橡皮擦的大小,利用橡皮擦工具将剩余的白色(图片背景颜色)擦除。

⑤ 单击"场景1"按钮 🎬 ,切换到场景编辑界面。完成"bug"图形元件的创建。

(5) 制作传统引导层动画。

① 利用工具栏中的"任意变形工具"适当修改舞台中昆虫的大小,并将其移动到舞台左上角。锁定"昆虫"图层。

② 在"昆虫"图层上面插入传统引导层。右击"昆虫"图层,在打开的快捷菜单中选择"添加传统运动引导层"命令,系统自动新建一个名为"引导层:昆虫"的新图层。

③ 制作运动路径。在"引导层:昆虫"图层,利用"椭圆工具"绘制一个椭圆(笔触设置为2,填充设置为无,颜色任意),然后用"橡皮擦工具"擦除一段线条使其不封闭,如图14-2所示。

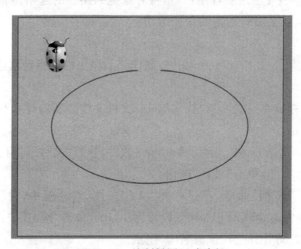

图14-2　绘制椭圆运动路径

图14-3　变形面板

④ 调整"昆虫"图层第1帧画面。解锁"昆虫"图层,选择"昆虫"图层第1帧,打开"变形"面板,设置"旋转"值为90,将"bug"顺时针旋转90.0°,如图14-3所示。将"bug"元件实例中心点移动到椭圆路径起点(缺口右侧),使"bug"元件实例的中心点(空心圆)和椭圆轨道右侧起始点重合,如图14-4所示。

⑤ 延长引导层至60帧。右击引导层的第60帧处,在打开的快捷菜单中选择"插入帧"命令。将"引导层:昆虫"图层第1帧延长至第60帧。锁定引导层。

⑥ 设置"昆虫"图层第60帧画面。右击"昆虫"图

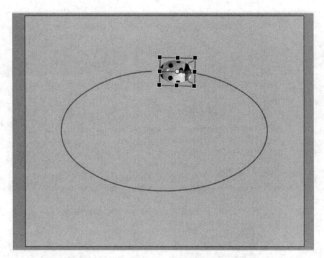

图 14-4　调整后的第 1 帧舞台效果

层第 60 帧处,在打开的快捷菜单中选择"插入关键帧"命令。将"bug"元件实例平移到椭圆路径终点(缺口左侧),注意使"bug"元件的中心点(空心圆)和椭圆轨道左侧终点重合,"bug"元件实例的方向和起点方向保持一致,如图 14-5 所示。

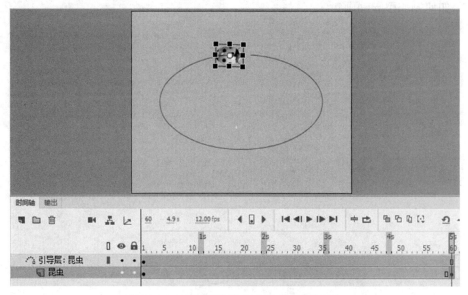

图 14-5　动画制作完成后的时间轴及舞台

　　⑦ 制作传统补间动画。右击"昆虫"图层第 1 帧,在打开的快捷菜单中选择"创建传统补间"命令,在"昆虫"图层创建了传统补间动画后,在属性面板的"补间"选项卡中,勾选"调整到路径"复选框,完成后的效果如图 14-6 所示。

　　(6) 执行"控制"|"测试影片"|"在 Animate 中"命令,观看动画效果。最终效果如样张"an3yz.swf"所示。

　　(7) 执行"文件"|"保存"命令,将文件以"an3.fla"为文件名保存在指定文件夹中。

　　(8) 执行"文件"|"导出"|"导出影片"命令,导出文件的文件名为"an3.swf"。

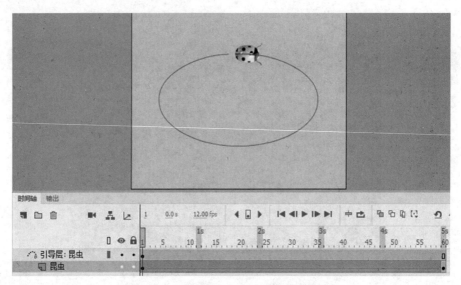

图 14-6　动画制作完成后的时间轴及舞台

5. 思考题

（1）引导动画有什么特点？

（2）如何制作引导动画？

实验 15　Animate 动画制作软件(四)
——遮罩动画

1. 实验目的

(1) 了解产生遮罩动画的原理。

(2) 掌握制作遮罩动画的基本方法。

2. 相关知识点

(1) 遮罩层和被遮罩层：制作遮罩动画需要两个图层,上面的图层是遮罩层,下面的图层是被遮罩层。遮罩层是一种特殊的图层,形象地说,在遮罩层中绘制一个形状范围(遮罩层中的对象勾勒出的形状),可以显示这个范围内的被遮罩层中的内容。

(2) 遮罩动画：在遮罩层或者被遮罩层中有动画时,便产生了遮罩动画。

3. 实验内容

制作遮罩动画：新建一个 Animate 文件,制作画卷逐渐展开的动画。

4. 实验步骤

实验所用的素材存放在"实验\素材\实验 15"文件夹中。实验样张存放在"实验\样张\实验 15"文件夹中。

(1) 新建一个 Animate 文件。运行 Animate 软件,在"新建文档"对话框中,选择"角色动画",再选择"平台类型(ActionScript 3.0)"选项,单击"创建"按钮。

(2) 执行"修改"|"文档"命令,在打开的"文档设置"对话框中,设置舞台尺寸为 550 像素×400 像素,舞台颜色为白色,帧频设置为 10 fps,单击"确定"按钮。

(3) 执行"文件"|"导入"|"导入到库"命令,导入素材文件夹中的图片。

(4) 制作"画"图层。将"图层_1"重命名为"画"。选择第 1 帧,将库面板中的图片"画.jpg"拖到舞台中间(水平居中、垂直居中)。右击第 50 帧,在打开的快捷菜单中选择"插入帧"命令。锁定"画"图层。"画"图层制作完成,如图 15 - 1 所示。

(5) 制作"矩形"图层(遮罩层)。

① 插入新图层。在"画"图层上面插入新图层,将图层重命名为"矩形"。

② 制作"矩形"图层第 1 帧。选择"矩形"图层第 1 帧,单击工具面板中的"矩形工具"按钮，在属性面板中将"笔触颜色"设置为无,"填充颜色"设置为蓝色。在画的左边绘制一个无边框的矩形,矩形高度大于画的高度。矩形的位置和大小如图 15 - 2 所示。

③ 制作"矩形"图层第 40 帧。在"矩形"图层的第 40 帧处插入关键帧。单击选择第 40 帧舞台中的矩形,拖动鼠标调整矩形的宽度,使矩形宽度与画的宽度相同,如图 15 - 3 所示。

④ 右击"矩形"图层第 1 帧,在打开的快捷菜单中选择"创建补间形状"命令,在第 1 帧到第 40 帧之间创建补间形状动画。

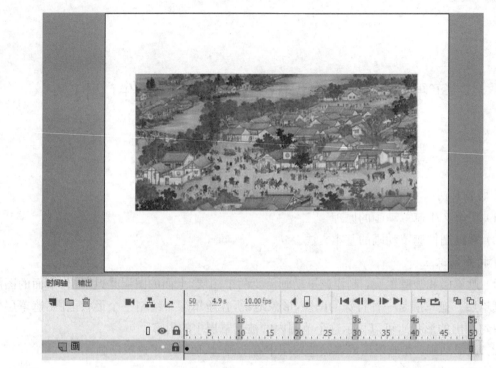

图 15-1 "画"图层

图 15-2 绘制一个无边框的矩形

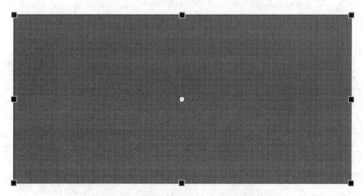

图 15-3 调整第 40 帧中矩形的宽度

⑤ 测试动画。执行"控制"|"测试影片"|"在 Animate 中"命令,可见矩形逐渐变大,覆盖整个画面的动画效果。

⑥ 将"矩形"图层转换为遮罩层。在时间轴面板左边的图层控制区右击"矩形"图层,执行快捷菜单中的"遮罩层"命令,将"矩形"图层从普通图层转换为遮罩层。此时,"矩形"图层是遮罩层,"画"图层是被遮罩层。

⑦ 执行"控制"|"测试影片"|"在 Animate 中"命令,可见画面逐渐展开的动画效果。遮罩动画制作完成后的时间轴如图 15-4 所示。

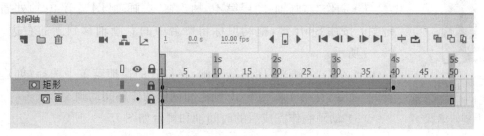

图 15-4　遮罩动画制作完成后的时间轴

(6) 制作"左画轴"图层。

① 插入新图层。在"矩形"图层上面插入新图层,将图层重命名为"左画轴"。

② 制作"左画轴"图层第 1 帧。选择"左画轴"图层第 1 帧,将库面板中的图片"画轴.gif"拖到舞台中,放到画的左边,适当调整大小,将其转换为图形元件并命名为"画轴"。

③ "左画轴"图层第 1 帧自动延续至第 50 帧,锁定"左画轴"图层。"左画轴"图层制作完成后的时间轴如图 15-5 所示。

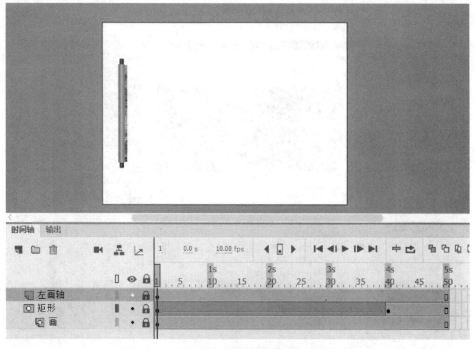

图 15-5　"左画轴"图层制作完成后的时间轴

图 15－6
"右画轴"图层第 1 帧
中画轴的位置

（7）制作"右画轴"图层。

① 插入新图层。在"左画轴"图层上面插入新图层，将图层重命名为"右画轴"。

② 制作"右画轴"图层第 1 帧。右击"左画轴"图层第 1 帧，在打开的快捷菜单中选择"复制帧"命令，右击"右画轴"图层第 1 帧，在打开的快捷菜单中选择"粘贴帧"命令，将"左画轴"图层中的元件实例复制到"右画轴"图层中，拖放"右画轴"中的元件实例，放到左画轴的右边，如图 15－6 所示。

③ 制作"右画轴"图层第 40 帧。在"右画轴"图层第 40 帧处插入关键帧。按住 Shift 键，拖动鼠标将舞台中的右画轴移到画的右边，如图 15－7 所示。

④ 右击"右画轴"图层第 1 帧，在打开的快捷菜单中选择"创建传统补间"命令，在第 1 帧到第 40 帧之间创建动作补间动画。

（8）动画制作完成后的时间轴和舞台如图 15－8 所示。

图 15－7 "右画轴"图层第 40 帧中画轴的位置

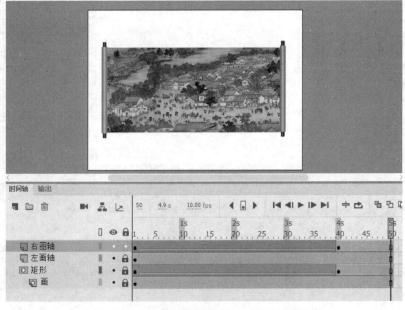

图 15－8 动画制作完成后的时间轴和舞台

（9）执行"控制"|"测试影片"|"在 Animate 中"命令，查看动画效果。最终效果如样张"an4yz.swf"所示。

（10）执行"文件"|"保存"命令，将文件以"an4.fla"为文件名保存在指定的文件夹中。

（11）执行"文件"|"导出"|"导出影片"命令，导出文件的文件名为"an4.swf"。

5. 思考题

（1）遮罩动画有什么特点？

（2）如何创建遮罩动画？

实验 16　Animate 动画制作软件(五)
——综合实例

1. 实验目的

(1) 熟练使用 Animate 中的各种工具。

(2) 掌握 Animate 中多种不同的动画制作方法。

2. 相关知识点

(1) "影片剪辑"元件：是功能和用途最多的元件，用于创建一段有独立主题内容的动画片段，在动画中可以重复使用。

(2) 脚本：为"按钮"元件添加脚本后，可以通过按钮来控制影片的播放。

3. 实验内容

制作按钮控制蜻蜓飞过荷花的动画。

4. 实验步骤

实验所用的素材存放在"实验\素材\实验 16"文件夹中。实验样张存放在"实验\样张\实验 16"文件夹中。

(1) 新建一个 Animate 文件。运行 Animate 软件，执行"文件"|"新建"命令，在"新建文档"对话框中，选择"平台类型(ActionScript 3.0)"选项，单击"创建"按钮。

(2) 执行"修改"|"文档"命令，在打开的"文档设置"对话框中，设置舞台尺寸为 550 像素×400 像素，舞台颜色为白色，帧频设置为 12 fps，单击"确定"按钮。

(3) 执行"文件"|"导入"|"导入到库"命令，将素材文件夹中"荷花.jpg""蜻蜓 01.png""蜻蜓 02.png""播放按钮图片.jpg"导入库面板中。

(4) 制作蜻蜓影片剪辑。

① 新建影片剪辑元件"蜻蜓"。执行"插入"|"新建元件"命令，在"创建新元件"对话框中，设置名称为"蜻蜓"，类型选择"影片剪辑"，单击"确定"按钮。

② 制作"蜻蜓"动画效果。在元件编辑模式下，选择"图层 1"图层第 1 帧，将库面板中的"蜻蜓 01.png"拖到舞台中，水平居中、垂直居中。选择"图层 1"图层第 2 帧，插入空白关键帧，将库面板中的"蜻蜓 02.png"拖到舞台中，水平居中、垂直居中。此时通过逐帧动画原理实现了影片剪辑元件"蜻蜓"的动画效果。

(5) 制作背景图层。

① 重命名背景图层。回到场景编辑模式，将"图层_1"图层重命名为"背景"图层。

② 制作背景。选择"背景"图层第 1 帧，将库面板中的"荷花.jpg"拖到舞台中，水平居中、垂直居中。在"背景"图层第 50 帧，插入关键帧，将背景延长至 50 帧。

(6) 制作蜻蜓曲线飞行动画。

① 新建"蜻蜓飞行"图层。在"背景"图层上面插入新图层,将图层重命名为"蜻蜓飞行"。

② 制作"蜻蜓"沿直线飞行第1帧。选择"蜻蜓飞行"图层第1帧,将库面板中的影片剪辑元件"蜻蜓"拖到舞台左上角荷花处,执行"修改"|"变形"|"水平翻转"命令转换蜻蜓方向。单击工具面板中"任意变形工具"按钮,调整"蜻蜓"至合适大小。

③ 制作"蜻蜓"沿直线飞行动画效果。选择"蜻蜓飞行"图层第20帧,插入关键帧,将"蜻蜓"移动到目标荷花尖处。右击"蜻蜓飞行"图层第1帧,在打开的快捷菜单中选择"创建传统补间"命令,此时"蜻蜓"可完成沿直线飞行动画效果。

④ 制作"蜻蜓"沿曲线飞行动画效果。在时间轴面板左边的图层控制区右击"蜻蜓飞行"图层,在打开的快捷菜单中选择"添加传统运动引导层"命令,在"蜻蜓飞行"图层上面添加引导层。单击工具面板中的"铅笔工具"按钮,设置笔触颜色为红色,笔触粗细为2,在引导层第1帧画一个蜻蜓飞行的曲线运动轨迹。分别单击"蜻蜓飞行"图层第1帧、第20帧,将"蜻蜓"元件实例的中心点移动到曲线运动路径上,完成引导层动画,如图16-1所示。

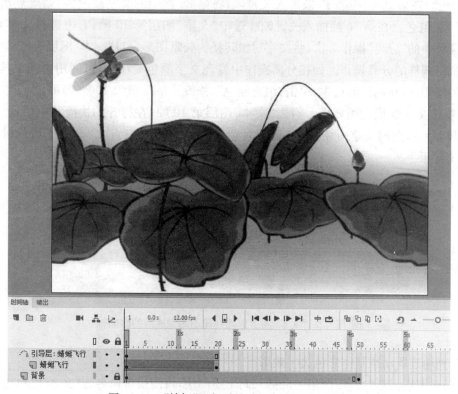

图16-1　"蜻蜓"飞行引导动画完成后的时间轴

(7) 制作蜻蜓曲线停留和飞出舞台的动画。

① 制作"蜻蜓"停留效果。在"蜻蜓飞行"图层第35帧插入关键帧,实现"蜻蜓"从第20帧至第35帧停留在荷花尖效果。

② 制作"蜻蜓"飞行出画效果。在"蜻蜓飞行"图层第50帧插入关键帧,将元件"蜻蜓"按照飞行轨迹移出舞台之外。右击"蜻蜓飞行"图层第35帧,在打开的快捷菜单中选择"创建传统补间"命令,此时"蜻蜓"可完成停留后直线飞出舞台的效果。完成后的时间轴如图16-2所示。注意:"引导层:蜻蜓飞行"图层只能延续到第20帧。

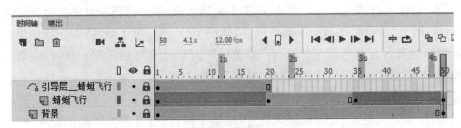

图 16－2　"蜻蜓"曲线停留和飞出舞台动画完成后的时间轴

（8）制作文字动画。

① 新建"文本"图层。在"引导层：蜻蜓飞行"图层上面插入新图层，将图层重命名为"文本"。

② 制作文字内容。单击"文本"图层第 1 帧，在合适位置输入文字"荷塘月色"，华文行楷、55 磅、蓝色。在第 10 帧和第 35 帧插入关键帧，将第 35 帧中的文字修改为"蜻蜓点水"，华文行楷、55 磅、红色。在第 50 帧插入关键帧。选中"文本"图层第 10 帧，右击选择文字对象，执行快捷菜单中的"分离"操作 2 次，将文字对象转换为矢量图形。对"文本"图层第 35 帧中的文字对象执行同样的分离操作。如在分离操作中发现文字颜色变浅了，可利用选择工具选择分离后的矢量图形，在属性面板中，单击"填充颜色"，修改 Alpha 值为 100％即可。

③ 制作文字变换动画效果。右击"文本"图层第 10 帧，在打开的快捷菜单中选择"创建补间形状"命令，此时文字可由蓝色"荷塘月色"变为红色"蜻蜓点水"。完成后的时间轴如图 16－3 所示。

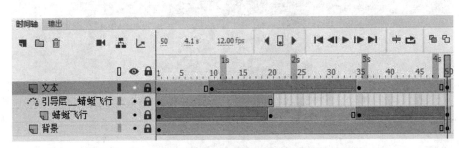

图 16－3　"文本"图层形状补间动画完成后的时间轴

（9）利用遮罩动画制作彩色文字效果。

① 新建图层。在"文本"图层上面插入两个新图层，将图层重命名为"文本 1"和"彩条"。

② 复制文本帧。右击"文本"图层的第 35 帧，在打开的快捷菜单中选择"复制帧"命令。右击"文本 1"图层的第 35 帧，在打开的快捷菜单中选择"粘贴帧"命令。锁定"文本 1"图层。

③ 删除"文本"图层的第 36～50 帧。单击"文本"图层的第 36 帧，按住 Shift 键，单击"文本"图层的第 50 帧，选择"文本"图层的第 36～50 帧，右击选择的帧，在打开的快捷菜单中选择"删除帧"命令，删除"文本"图层的第 36～50 帧。

④ 制作彩条。右击"彩条"图层的第 35 帧，在打开的快捷菜单中选择"插入空白关键帧"命令。选择工具栏中的"矩形工具"，在属性面板中，设置"笔触颜色"为无，设置"填充颜色"为彩虹色。在舞台中绘制一个彩色矩形，大小位置如图 16－4 所示。

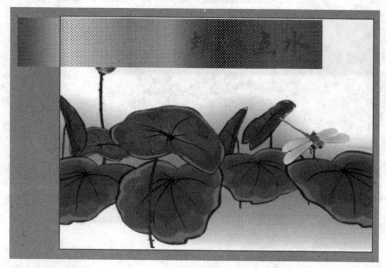

图 16-4 第 35 帧彩条位置

⑤ 制作"彩条"图层第 50 帧。右击"彩条"图层的第 50 帧,在打开的快捷菜单中选择"插入关键帧"命令,将彩条平移到右侧,图 16-5 所示。右击"彩条"图层的第 35 帧,在打开的快捷菜单中选择"创建补间形状"命令。

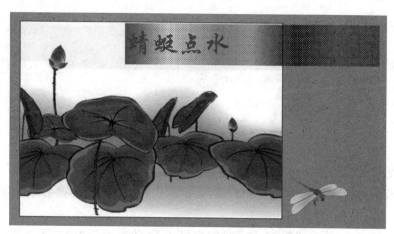

图 16-5 第 50 帧彩条位置

⑥ 制作遮罩动画。在时间轴面板的图层控制区,右击"文本 1"图层,在打开的快捷菜单中选择"遮罩层"命令,"文本 1"图层转换为遮罩层,"彩条"图层转换为被遮罩层,如图 16-6 所示。

(10) 利用脚本控制动画。

① 新建"脚本按钮"图层。在"文本 1"图层上面插入新图层,将图层重命名为"脚本按钮"。

② 添加脚本使动画停止在第 1 帧。单击"脚本按钮"图层第 1 帧,执行"窗口"|"动作"命令(或右击第 1 帧,在打开的快捷菜单中选择"动作"命令)。打开动作面板,输入代码"this.stop();",如图 16-7 所示。

③ 测试影片。按 Ctrl+Enter 键查看当前动画效果,动画静止在第 1 帧无法继续播放。

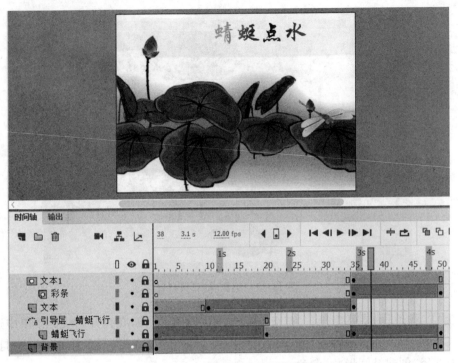

图 16 - 6　遮罩动画完成后的画面

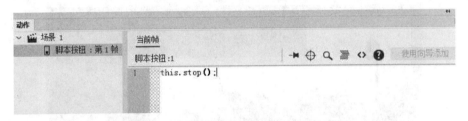

图 16 - 7　为"脚本按钮"图层第 1 帧输入代码

（11）添加播放按钮控制动画播放。

① 新建按钮元件"播放按钮"。执行"插入"|"新建元件"命令,设置名称为"播放按钮",类型选择"按钮",单击"确定"按钮。

② 制作按钮元件"播放按钮"。在元件编辑模式下,将库面板中的"播放按钮图片.jpg"拖放到"图层 1"图层的"弹起"帧舞台中,水平居中、垂直居中。按 Ctrl+B 快捷键分离图片对象,再利用工具面板中的"魔术棒"工具去除按钮图片的白色背景,只保留按钮本身。在"指针经过""按下""点击"帧都插入关键帧,得到和"弹起"帧一样的内容。

③ 将按钮添加到舞台。回到"场景"编辑模式,选中"脚本按钮"图层第 1 帧,将库面板中的按钮元件"播放按钮"拖放到舞台合适位置,缩小至合适大小,并在属性面板中将此按钮实例名称修改为"btnPLAY"。

④ 制作按钮控制动画效果。选中按钮元件"播放按钮",执行"窗口"|"动作"命令。在动作面板中,单击"代码片断"工具 <>。在"代码片断"窗口中,依次单击展开"ActionScript"—>"时间轴导航",双击"单击以转到帧并播放"。在动作面板中,修改自动出现的代码片断中"gotoAndPlay"参数为 0,完成后的动作面板如图 16 - 8 所示。

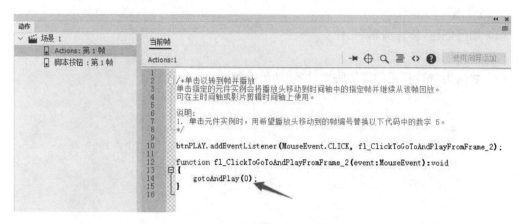

图 16－8　为按钮添加脚本代码

（12）最终时间轴和舞台效果如图 16－9 所示。

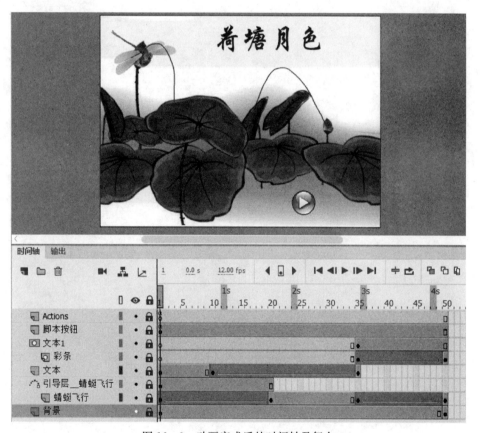

图 16－9　动画完成后的时间轴及舞台

（13）执行"控制"|"测试影片"|"在 Animate 中"命令，查看动画效果。最终效果如样张
"an5yz.swf"所示。

（14）执行"文件"|"保存"命令，将文件以"an5.fla"为文件名保存在指定的文件夹中。

（15）执行"文件"|"导出"|"导出影片"命令，导出文件的文件名为"an5.swf"。

5. 思考题

（1）如何创建"影片剪辑"元件？

（2）如何创建"按钮"元件？

（3）如何为"按钮"元件添加脚本，控制动画播放？

实验 17　After Effects 视频处理基础(一)
——蒲公英与小兔

1. 实验目的

(1) 了解 After Effects 软件的功能。

(2) 掌握关键帧的设置及参数修改。

(3) 了解特效的简单应用。

2. 相关知识点

(1) 项目：一个项目中可以有多个合成影像。

(2) 合成影像：一个合成影像相当于一个影片的片段,在一个合成影像中可包含多个层。

(3) 层及层属性：层是时间线中的一个轨道,可以创建文字层、纯色层、摄像机层、灯光层、空对象层等,每一个层可以相互独立,也可以通过"父子和链接"功能相互关联。每个层有5种属性,即锚点(中心点)、位置、缩放、旋转和不透明度。

(4) 关键帧：这是从动画中引入的概念,即在不同的时间点上对对象属性进行调整,而时间点之间的变化由计算机自动生成。视频过渡是指一段视频或图像素材转场到另一个素材时产生的过渡效果。

3. 实验内容

本例先导入素材,再创建一个合成影像,然后通过移动缩放关键帧的方法,制作"蒲公英与小兔"的动画。

4. 实验步骤

实验所用的素材存放在"实验\素材\实验 17"文件夹中。实验样张存放在"实验\样张\实验 17"文件夹中。

(1) 启动 After Effects 应用程序。

(2) 导入素材。在项目窗口中双击空白处,在打开的"导入文件"对话框中按住 Ctrl 键,选择素材文件夹中的"背景.jpg""蒲公英.tif"和"兔子.tif"文件,然后单击"导入"和"确定"按钮,如图 17-1 所示。

(3) 新建合成影像。

① 在项目窗口中选择"背景.jpg",将其拖动至"新建合成"按钮上,新建一个合成影像,如图 17-2 所示。

② 选中新建的合成影像,按 Ctrl+K 快捷键,打开"合成设置"对话框,调整参数。设置"合成名称"为"蒲公英与小兔","持续时间"为 5 s,如图 17-3 所示。单击"确定"按钮。

③ 将"蒲公英.tif"拖至时间线窗口中,放至"背景"层的上方,如图 17-4 所示。

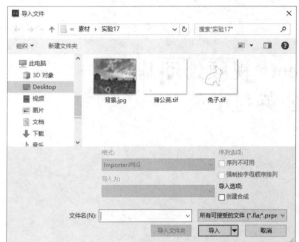

图 17-1　导入素材

图 17-2　新建合成影像

④　在时间线窗口中,确认选中"蒲公英",按下 P 键打开"位置"属性,然后按住 Shift 键再依次按 S,T 和 R 键,打开"缩放"属性、"不透明度"属性和"旋转"属性,如图 17-5 所示。

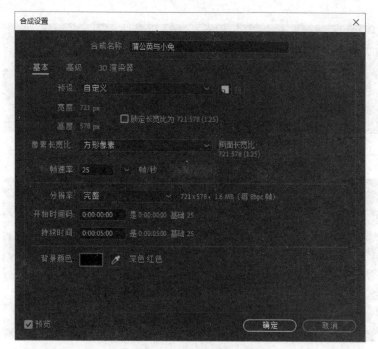

图 17-3 "合成设置"对话框

图 17-4 层的位置顺序

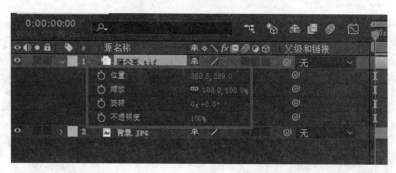

图 17-5 打开层属性

(4) 为"蒲公英"层设置关键帧。

① 确认时间指针在第 0 帧的位置,分别单击"位置""缩放""旋转""不透明度"属性前的"时间变化秒表"按钮,记录 4 个关键帧,并设置"位置"参数值为(150,200),"缩放"参数值为35%,"不透明度"参数值为 30%,如图 17-6 所示。

② 将时间指针调至第 2 s 的位置,设置"位置"参数值为(300,300),"缩放"参数值为50%,"透明度"参数值为 100%,自动记录关键帧,如图 17-7 所示。

③ 将时间指针调至第 3 s 的位置,设置"旋转"值为 0×+40°,记录关键帧。

图 17-6　记录关键帧

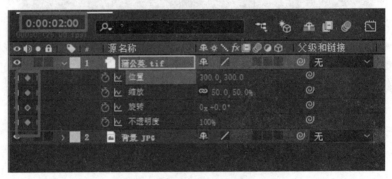

图 17-7　第 2 s 处关键帧的设置

④ 将时间指针调至第 4 s 24 帧的位置,设置"位置"参数值为(500,440),"缩放"参数值为 45%,"旋转"参数值为 0×+15°,"不透明度"参数值为 10%,记录关键帧。

(5) 为"蒲公英"层添加发光特效。确认选中"蒲公英"层,执行"效果"|"风格化"|"发光"命令,为其添加一个特效,在效果控制窗口中设置"发光半径"参数值为 25,如图 17-8 所示。

图 17-8　设置"发光"特效及参数

（6）将项目窗口中的"兔子.tif"拖至时间线窗口中，放至"背景"层和"蒲公英"层的中间，如图 17-9 所示。

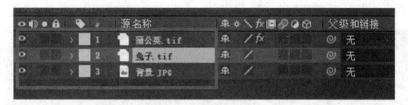

图 17-9　添加"兔子"层

（7）设置"兔子"图层的"位置""缩放""旋转"的关键帧。

第 0 帧：位置（-20,388），缩放（30％,30％），旋转（0×-5°），记录关键帧；

第 1 s：位置（80,288），缩放（30％,40％），旋转（0×-10°），记录关键帧；

第 2 s：位置（245,388），缩放（30％,28％），旋转（0×+0°），记录关键帧；

第 3 s：位置（490,240），缩放（30％,35％），旋转（0×-5°），记录关键帧；

第 4 s：位置（660,388），缩放（30％,28％），旋转（0×+0°），记录关键帧；

第 4 s 24 帧：位置（860,320），记录关键帧。

（8）设置贝塞尔曲线。

① 在时间线窗口选中第 1 s 至第 4 s 的"位置"关键帧，单击"图表编辑器"按钮，打开"图表编辑器"，如图 17-10 所示。

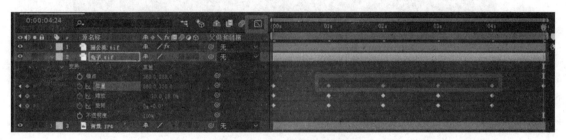

图 17-10　打开"图表编辑器"

② 在"图表编辑器"中单击"将选定的关键帧转换为自动贝塞尔曲线"按钮，使得动画帧之间的过渡更加平滑，如图 17-11 所示。

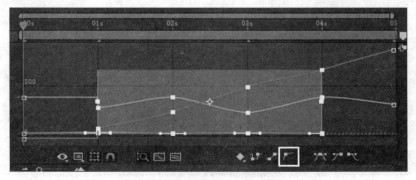

图 17-11　设置"贝塞尔曲线"

（9）设置淡入淡出效果。

① 按住 Shift 键选中第 0 s 关键帧和最后一个关键帧，在"图表编辑器"窗口中，单击"缓动"按钮，实现缓动的效果，如图 17-12 所示。

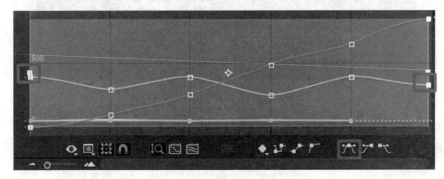

图 17-12　设置缓动效果

② 再次单击"图表编辑器"按钮，关闭"图表编辑器"，将指针调整到第 0 帧位置，关键帧的变化如图 17-13 所示。

图 17-13　关键帧的变化

（10）添加梯度渐变特效。选中"兔子"图层，执行"效果"|"生成"|"梯度渐变"命令，为其添加一个特效，参数设置"起始颜色"为粉色，"结束颜色"为白色，如图 17-14 所示。

图 17-14　设置渐变色

（11）如图 17-15 所示，单击"预览"窗口中的"播放/停止"按钮，浏览效果。最终效果如样张"ae1yz.mp4"所示。

图 17-15 播放面板

（12）执行"文件"|"保存"命令，将文件以"ae1.aep"为文件名保存到指定文件夹中。

（13）执行"合成"|"预渲染"命令，输出视频文件"ae1.avi"，单击"渲染"按钮，导出 avi 格式的视频文件，如图 17-16 所示。

图 17-16 导出视频

5. 思考题

（1）创建合成影像有哪几种方式？

（2）关键帧的作用是什么？

（3）设置"贝塞尔曲线"的作用是什么？

实验 18 After Effects 视频处理基础(二)
——空间 3D 网格变换

1. 实验目的

(1) 创建纯色层并添加网格特效。

(2) 掌握嵌套合成并复制图层。

(3) 掌握文字层的创建及参数设置。

(4) 掌握空间 3D 图层的设置。

(5) 掌握虚拟层的创建和摄像机的应用。

2. 相关知识点

(1) 创建纯色层并添加特效：纯色层是一种单一颜色的图层，相当于一个容器，可以为其添加各种效果，如渐变、粒子等。一般纯色层可以制作影片的背景。

(2) 嵌套合成：可以把多个层组合在一起形成一个影片片段。

(3) 创建文字层：用于输入文字。

(4) 转换 3D 图层：通过 3D 图层转换按钮可以将任意图层转换为 3D 图层。

(5) 创建空白层和摄像机：空白层是一种透明的层，一般空白层往往作为层之间链接的父层，当空白层运动时，相关联的层会跟随运动。摄像机参数选项包含教具、景深、聚焦距离、光圈等，与真实的摄像机类似，能够逼真地模拟 3D 空间的效果。

3. 实验内容

本例先制作平滑的线条，再将其转换为 3D 图层，然后将其复制几个并调整位置，最后旋转虚拟层，设置摄像机。

4. 实验步骤

实验所用的素材存放在"实验\素材\实验 18"文件夹中。实验样张存放在"实验\样张\实验 18"文件夹中。

(1) 启动 After Effects 应用程序。

(2) 新建一个合成影像。单击"新建合成"按钮，打开"合成设置"对话框，设置"合成名称"为"网"，"宽度"为 1 600，"高度"为 300，"像素长宽比"为 D1/DV PAL(1.09)，"帧速率"为 25 帧/秒，"持续时间"为 6 s，如图 18-1 所示。单击"确定"按钮。

(3) 新建一个纯色层。

① 激活时间线窗口，执行"图层"|"新建"|"纯色"命令或按 Ctrl+Y 快捷键，打开"纯色设置"对话框，设置"名称"为线，如图 18-2 所示。单击"确定"按钮。

② 在时间线窗口中确认选中"线"，执行"效果"|"生成"|"网格"命令，为其添加一个网格特效，设置参数"锚点"为(0,160)，"边角"为(1 600,180)，"边界"为 3，如图 18-3 所示。注意：

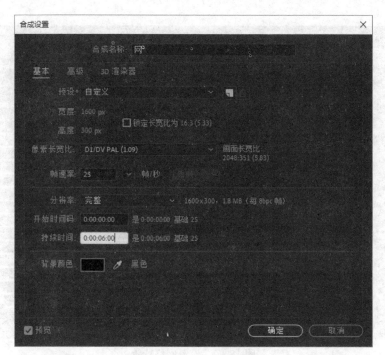

图 18-1 新建合成影像

图 18-2 新建纯色层

设置参数后,在合成影像窗口中用户可能看不到纯色层中的线,这是比例的原因,在合成影像窗口中通过鼠标滚轮将其缩放,即可显示。

(4) 新建一个合成影像。按 Ctrl+N 快捷键,打开"合成设置"对话框,设置"合成名称"为"空间网格线","宽度"为 400,"高度"为 300,如图 18-4 所示。单击"确定"按钮。

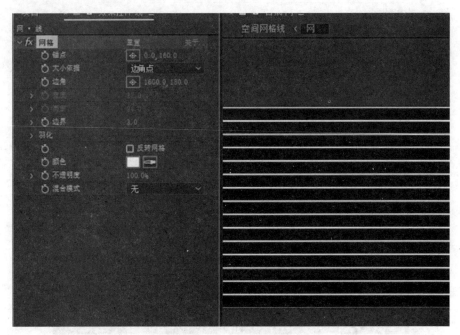

图 18-3　设置网格特效

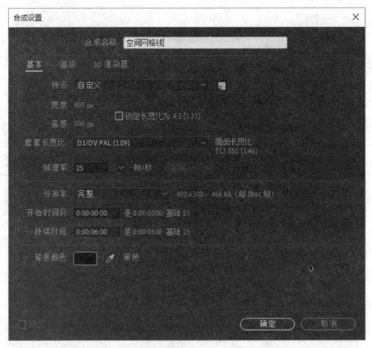

图 18-4　新建"空间网格线"合成影像

　　(5) 将"网"由项目窗口拖至时间线窗口中,然后按 Ctrl+D 快捷键,将时间线窗口中的"网"复制 3 个,选中图层,右击,重命名图层为"网 1""网 2""网 3""网 4"。单击"3D 图层"选项,将所有图层转换为 3D 图层,如图 18-5 所示。

图 18-5　复制图层并转换为 3D 图层

（6）设置 3D 位置参数。

① 在时间线窗口中选中"网 1"层，按 P 键打开"位置"属性，设置"位置"参数为（200，150，−150）。

② 同样设置"网 2"层"位置"参数为（200，150，150）；"网 3"层"位置"参数为（0，150，0），"Y 轴旋转"参数为 90°（R 键）；"网 4"层"位置"参数为（400，150，0），"Y 轴旋转"参数为 90°，如图 18-6 所示。

（7）设置缩放参数。在时间线窗口中按住 Ctrl 键，选中所有的图层，再按 S 键打开"缩放"属性，设置参数值为（2 000，100，100），效果如图 18-7 所示。

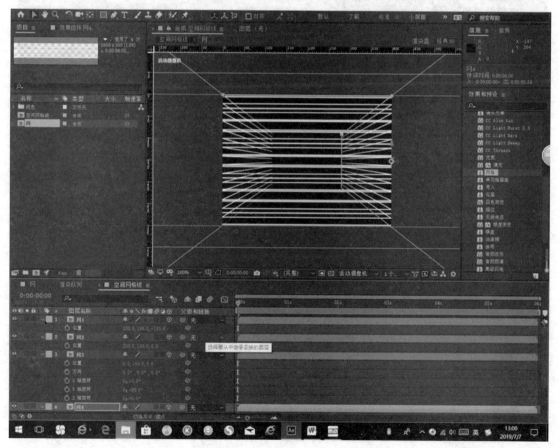

图 18-6　设置 3D 参数

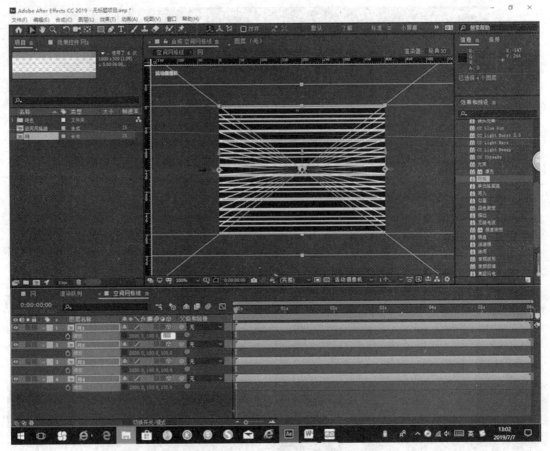

图 18-7　设置缩放参数

（8）新建一个文字层。

① 激活时间线窗口，按 Ctrl＋Alt＋Shift＋T 快捷键（或执行"图层"|"新建"|"文本"命令）。在合成影像窗口中输入文字，并设置"字体"为黑体，"字体大小"为 100，"填充颜色"为（RGB：0，255，100），"描边颜色"为（RGB：255，0，0），字体加粗，倾斜，文字位置合适。单独显示文字层的效果，如图 18-8 所示。

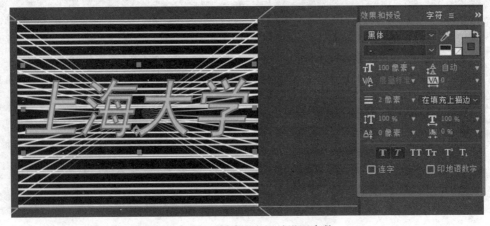

图 18-8　创建文字层并设置参数

②　打开文字层的 3D 开关,将其转换为 3D 图层,如图 18-9 中框出的位置,将其切换为顶视图,可以看到文字层在画面的中心,然后再回到"活动摄像机"视图,效果如图 18-9 所示。

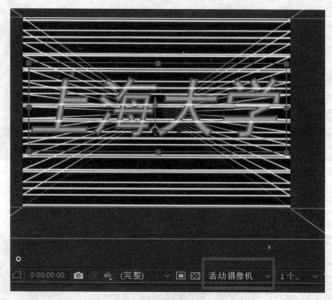

图 18-9　"活动摄像机"视图效果

(9)　右击时间线窗口的空白处,在打开的快捷菜单中选择"新建"|"空对象"命令,创建一个虚拟层,将其转换为 3D 图层,然后按下 A 键打开"锚点"属性,并设置参数值为(50,50,0)。在时间线窗口中右击标志栏,在打开的快捷菜单中选择"列数"|"父级和链接"命令(如果"父级和链接"列已经打开,则该命令可省略),打开"父级和链接"设置栏,如图 18-10 所示。

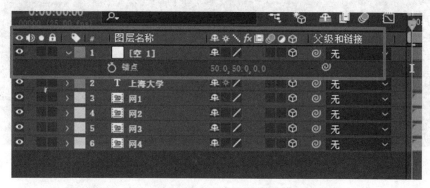

图 18-10　添加空白虚拟层并设置 3D 和父级链接

(10)　在时间线窗口中,将除空白虚拟层之外的图层的父级层全部设置为"空 1"层,如图 18-11 所示。

(11)　新建一个摄像机层。

①　执行"图层"|"新建"|"摄像机"命令(或按 Ctrl+Alt+Shift+C 快捷键),打开"摄像机设置"对话框,设置摄影机的镜头尺寸为 35 mm,如图 18-12 所示。单击"确定"按钮。

②　在时间线窗口中选中摄像机层,打开"目标点"属性,设置参数为(200,150,-211),打开"位置"属性,设置参数为(200,150,-600)。设置摄像机及其目标点的位置,如图 18-13 所

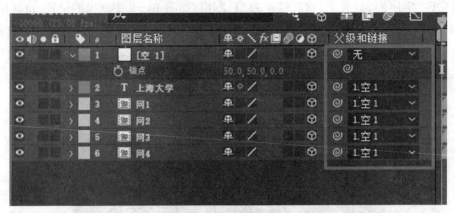

图 18-11　设置父级链接图层

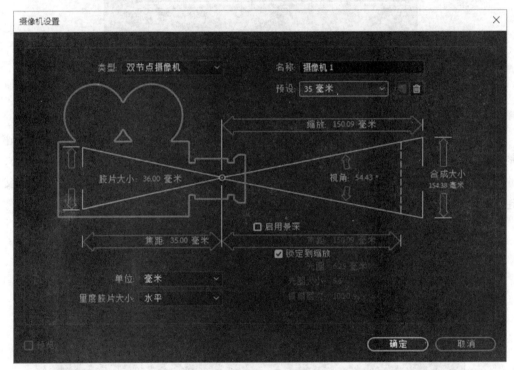

图 18-12　创建摄像机图层

图 18-13　摄像机参数设置

示。技巧：此处摄像机的位置参数为参考值，用户在操作时可以根据需要直接在合成影像窗口的顶视图中进行手动调整。向右拖动合成影像窗口右侧的边缘，可以看到窗口中的其他工具，将其调整为双视图显示，可以更准确地观察调整图层的位置。

（12）设置"空 1"层旋转和位置关键帧。

① 在时间线窗口中选中"空 1"层，按下 R 键打开"旋转"属性，当时间指针在第 0 帧时单击"Y 轴旋转"属性前的"时间变化秒表"按钮，记录关键帧。将时间指针调至最后一帧，设置"Y 轴旋转"的参数值为 $1\times +0°$，记录关键帧。

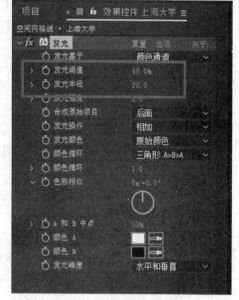

② 打开"空 1"层的"位置"属性，当时间指针在第 0 帧时单击"位置"属性前的"时间变化秒表"按钮，设置"位置"参数值为（170，150，−580），记录关键帧，再将时间指针调至最后一帧，设置"位置"参数值为（200，150，0）。

（13）在合成影像窗口可以观测动画，发现文字效果不够突出，选中文字层，执行"效果"|"风格化"|"发光"命令，为文字层添加一个发光特效，设置参数"发光阈值"为 40%，"发光半径"为 20，如图 18 - 14 所示。

图 18 - 14　设置发光效果

（14）单击"预览"窗口中的"播放/停止"按钮，查看效果。最终效果如样张"ae2yz.mp4"所示。

（15）执行"文件"|"保存"命令，将文件保存为"ae2.aep"。

（16）执行"合成"|"预渲染"命令，输出视频文件"ae2.avi"，单击"渲染"按钮，导出 avi 格式的视频文件。

5. 思考题

（1）3D 空间是如何形成的？

（2）如何调整观测点的位置？

（3）多个图层间如何实现关联？

实验 19 After Effects 视频处理基础(三)
——上大晨露

1. 实验目的

(1) 掌握蒙版及羽化的设置。

(2) 学习"泡沫"(Foam)特效的使用,以及该特效各种参数对效果的影响。

(3) 掌握"泡沫"纹理的关联。

(4) 学习"泡沫"特效的使用,Foam 可以模拟气泡、水珠等流体效果,同时可以控制其粘度、柔韧度等,还可以指定反射图像。

2. 相关知识点

(1) 绘制蒙版:蒙版实际上是一个路径或者轮廓图,用于修改层的 Alpha 通道。在缺省情况下,After Effects 层的合成均采用 Alpha 通道合成。对于运用了蒙版的层,将只有蒙版里面部分图像显示在合成图像中。蒙版在视频设计中广泛使用,例如可以用来"抠"出图像中的一部分,使最终的图像仅有"抠"出的部分被显示。

(2) 特效:为视频文件添加特殊的处理,使其产生丰富多彩的视频效果。After Effects 中自带多种特效,也可以通过插件为软件添加新的特效。应用特效时,选中需要添加特效的层,然后双击相关特效即可。

(3) 设置特效参数:通过时间线上的关键帧设置,在不同的时间点上修改特效参数,可获得特效形成所需的动画效果。

3. 实验内容

学习"泡沫"特效的使用,"泡沫"可以模拟气泡、水珠等流体效果,同时可以控制其粘度、柔韧度等,还可以指定反射图像。

4. 实验步骤

实验所用素材存放在"实验\素材\实验 19"文件夹中。实验样张存放在"实验\样张\实验 19"文件夹中。

(1) 启动 After Effects 应用程序。

(2) 新建一个合成影像。按 Ctrl+N 快捷键,打开"合成设置"对话框,设置"合成名称"为"头像","预设"为 PAL D1/DV,"像素长宽比"为 D1/DV PAL(1.09),"帧速率"为 25 帧/秒,"持续时间"为 6 s,如图 19-1 所示。单击"确定"按钮。

(3) 导入素材。在项目窗口中双击空白处,在打开的"导入文件"对话框中,选择素材文件夹中的"狗.jpg"和"上大晨雾.jpg"文件,然后单击"导入"按钮,将其导入 After Effects 中,如图 19-2 所示。

(4) 在项目窗口中选中"狗.jpg",将其拖至时间线窗口中。在预览窗口,适当调整预览画

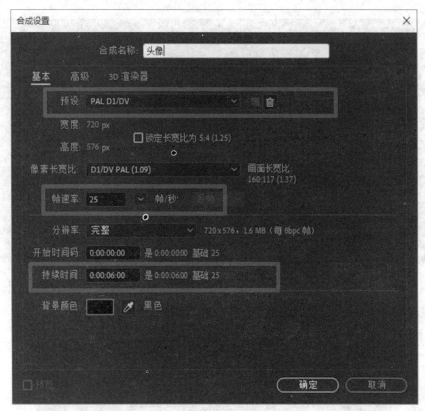

图 19-1 新建合成影像

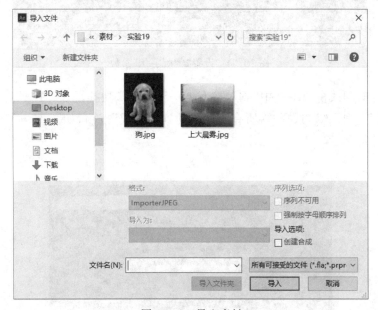

图 19-2 导入素材

面的大小,用鼠标按住控制点,适当调整图像的大小和位置,使图像"狗"居中。确认在时间线窗口中选中"狗",单击工具栏中的"椭圆工具"按钮,在合成影像窗口中根据"狗"的图像绘制"蒙版 1",如图 19-3 所示。

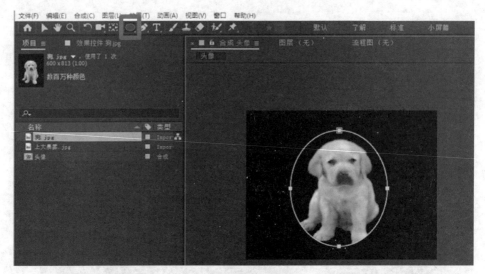

图 19-3　绘制遮罩

（5）在时间线窗口中，设置"狗"的"蒙版 1"的"蒙版羽化"为 40，如图 19-4 所示。

图 19-4　设置"蒙版羽化"参数

（6）确认在时间线窗口中选中"狗"，按 Ctrl＋Shift＋C 快捷键，打开"预合成"对话框，设置"新合成名称"为"图像"，选择"将所有属性移动到新合成"按钮，如图 19-5 所示。单击"确定"按钮。

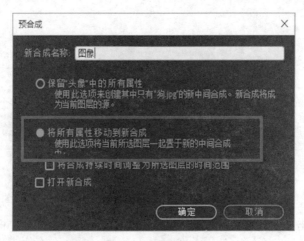

图 19-5　重组图层

(7) 创建一个黑色的纯色层。选中时间线窗口,按 Ctrl+Y 快捷键,打开"纯色设置"对话框,设置"名称"为露水,"颜色"为黑色(♯000000),如图 19-6 所示。单击"确定"按钮。

图 19-6 创建固态层

(8) 执行"效果"|"模拟"|"泡沫"命令,为其添加一个特效。设置"视图"为已渲染,"产生点"为(270,450),"产生方向"为 0×+150°,"产生速率"为 2,"强度"为 3,"初始速度"为 1,"初始方向"为 0×+60°,"风速"为 0.5,"湍流"为 0.3,"弹跳速度"为 1,"粘度"为 0.7,"综合大小"为 3,"气泡纹理"为水滴珠,"随机植入"为 10,如图 19-7 所示。

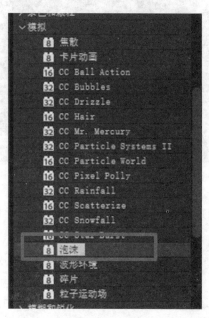

图 19-7 添加"泡沫"特效及参数设置

（9）设置参数后，单击"图像"前的"显示"图标，使其不可见，然后单击预览窗口中的"播放"按钮，查看效果，部分截图如图 19-8 所示。

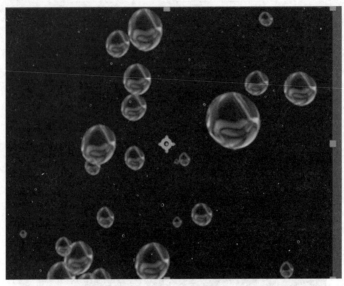

图 19-8　特效效果

（10）在时间线窗口中选中"露水"，按 Ctrl+D 快捷键将其复制一个，重命名为"狗图像"，在"狗图像"的"泡沫"特效下，将"正在渲染"项下的"气泡纹理"设置为用户自定义，然后将"泡沫纹理分层"设置为图像，其他不变，效果如图 19-9 所示。

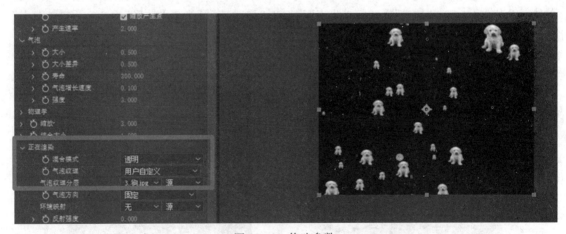

图 19-9　修改参数

（11）在项目窗口中选中"上大晨雾.jpg"，将其拖至时间线窗口的底部作为背景，如图 19-10所示。

（12）单击"预览"窗口中的"播放/停止"按钮，查看效果。最终效果如样张"ae3yz.mp4"所示。

（13）执行"文件"|"保存"命令，将文件以"ae3.aep"为文件名保存到指定文件夹中。

（14）执行"合成"|"预渲染"命令，输出视频文件"ae3.avi"，单击"渲染"按钮，导出 avi 格式

图 19 - 10　导入背景

的视频文件。

5. 思考题

（1）"泡沫"特效中各个参数的作用是什么？

（2）如何把"泡沫"特效和所需要的图像相关联？

实验 20 After Effects 视频处理基础(四)
——综合实例

1. 实验目的

对一些特效、3D图层的应用、外部素材的导入、各种影片片段的合成等综合应用,制作一个上海大学校园美景的宣传片。

2. 相关知识点

(1) 文字输入特效:通过文字输入滑块的控制,形成文字逐字输入的效果。

(2) 添加音频,为影片设置背景音乐。

3. 实验内容

通过文字特效和各种场景变换,完成一个显示上海大学美景的影片。

4. 实验步骤

实验所用素材存放在"实验\素材\实验 20"文件夹中。实验样张存放在"实验\样张\实验20"文件夹中。

制作片头——滚光文字

(1) 启动 After Effects 应用程序。

(2) 新建一个合成影像。按 Ctrl+N 快捷键,打开"合成设置"对话框,设置"合成名称"为滚光,"预设"为 PAL D1/DV,"持续时间"为 5 s,如图 20-1 所示。单击"确定"按钮。

图 20-1　新建合成影像

(3) 激活时间线窗口,按 Ctrl＋Alt＋Shift＋T 快捷键,新建一个文字层,设置参数"字体"为华文行楷,"颜色"为(255,255,0),"大小"为120。在合成影像窗口中输入需要的文字,水平垂直居中,如图 20-2 所示。

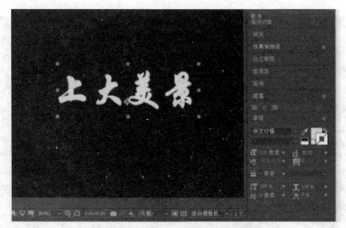

图 20-2　创建文字层

(4) 打开文字层的"文本"选项,单击右侧"动画"后面的"展开"按钮,在打开的菜单中选择"缩放"选项,即添加了一个"动画制作工具 1"选项,再单击"动画制作工具 1"后面"添加"右侧的"展开"按钮,在打开的菜单中选择"属性/不透明度"选项,然后用同样的方法再次单击"添加"右侧的"展开"按钮,添加一个"属性/模糊"选项,如图 20-3 所示。

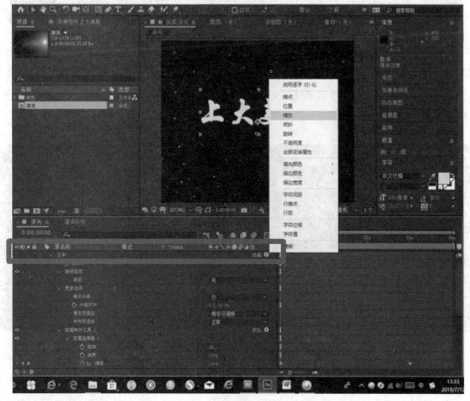

图 20-3　制作文字动画

（5）展开"文本"下的"更多选项"，设置参数"锚点分组"为行，"分组对齐"为（0,50％）。再展开"动画制作工具1"下的"范围选择器1"选项，设置参数"高级/模式"为相加，"高级/形状"为上斜坡，"缩放"为（300,300％），"模糊"为（120,120），如图20-4所示。

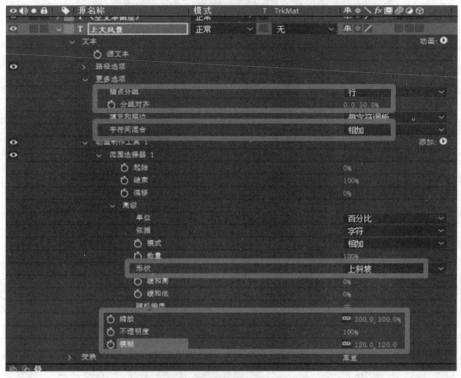

图 20-4　设置文本参数

（6）在第0帧时，单击"文本/动画制作工具1/范围选择器1"下的"偏移"属性和文字层"变换/缩放"属性前的"时间秒表按钮"，记录关键帧，设置"偏移"为100％，"缩放"为（120,120），如图20-5所示。

图 20-5　设置关键帧参数

（7）将时间指针调至第3 s的位置，设置"偏移"值为-100％，"缩放"值为（70,70％），记录关键帧。将文字层的模式设置为相加，如图20-6所示。注：单击软件界面左下方的"展开或折叠'转换控制'窗格"按钮,打开模式和轨道遮罩面板。

(8)激活时间线窗口,按 Ctrl+Y 快捷键,新建一个纯色层,命名为"背景光",将其调至时间线窗口的底层,如图 20-6 和图 20-7 所示。

图 20-6 设置文字层的模式

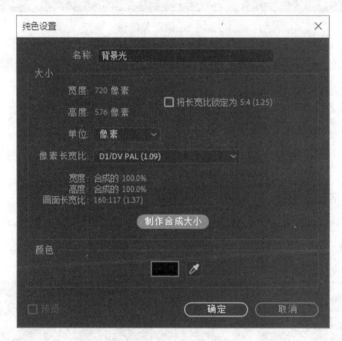

图 20-7 创建纯色层

(9)执行"效果"|"生成"|"镜头光晕"命令,为"背景光"添加一个镜头眩光特效,设置参数"光晕中心"为(-200,250),"光晕亮度"为 130%,"镜头类型"为 105 毫米定焦,如图 20-8 所示。

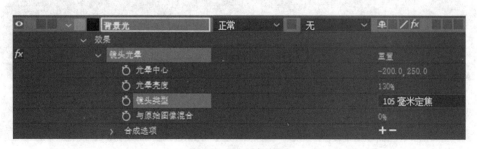

图 20-8 添加特效

(10) 在第 0 帧时,单击"光晕中心"和"光晕亮度"属性前的"时间变化秒表"按钮,记录关键帧,在第 2 s 时,设置"光晕亮度"值为 100%,再将时间指针调至最后一帧,设置"光晕中心"参数值为(800,250),"光晕亮度"参数值为 120%,记录关键帧,如图 20-9 所示。

图 20-9　记录关键帧

(11) "璀璨滚光"制作完成,单击"预览"窗口中的"播放/停止"按钮,查看效果。

场景一——异形相框

(1) 导入素材文件夹中的素材"tp1.jpg"~"tp8.jpg"和"蓝天.jpg"文件。

(2) 新建一个合成影像。按 Ctrl+N 快捷键,打开"合成设置"对话框,设置"合成名称"为边,"预设"为 PAL D1/DV,"持续时间"为 8 s。

(3) 将项目窗口中的"tp1.jpg"拖入时间线。

(4) 按 Ctrl+Y 快捷键,新建一个纯色层,命名为"遮罩"。

(5) 在时间线窗口确认选中"遮罩",双击工具栏中的"椭圆工具"按钮,形成一个与纯色层内切的椭圆形遮罩,如图 20-10 所示。

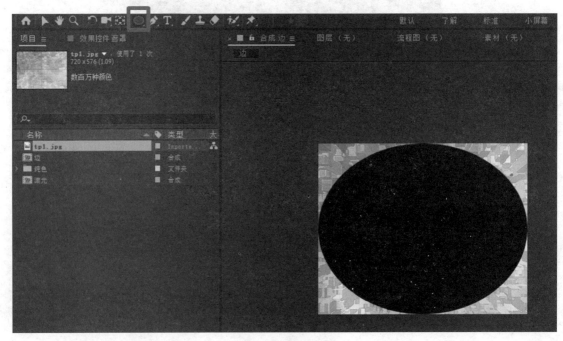

图 20-10　绘制遮罩

（6）选择工具栏中的"选取工具"按钮,按住 Shift 键,单击遮罩最右边的点,使其由选中状态变成未选中状态,如图 20 - 11 所示。

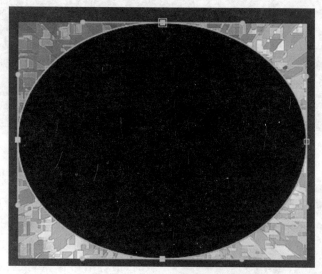

图 20 - 11　调整点

（7）单击工具栏中的"转换'顶点'工具"按钮,在合成影像窗口中单击处于选择状态的其余 3 点中的任意一点,调整遮罩的形状,如图 20 - 12 所示。

（8）在时间线窗口中,单击"蒙版/蒙版 1/蒙版路径"选项右侧的"形状……"选项,在打开的"蒙版形状"对话框中设置参数,调整遮罩的大小参数,左侧为 40 像素,右侧为 680 像素,顶部为 20 像素,底部为 546 像素,如图 20 - 13 所示。

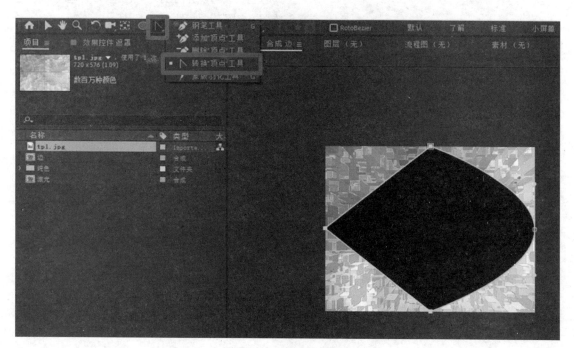

图 20 - 12　调整遮罩形状

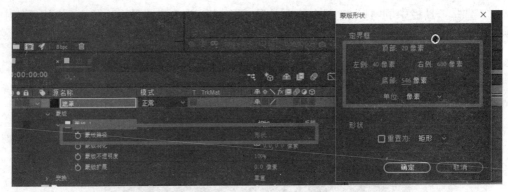

图 20-13　调整遮罩大小

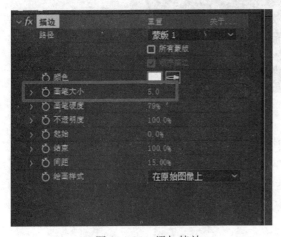

图 20-14　添加特效

注意：若绘制较为复杂的蒙版,可以运用鼠标中间的滑轮对影像大小进行调整,按住鼠标中间的滑轮转换为黑色箭头状,可以在合成影像窗口中调整影像的位置。另外,在绘制蒙版时,最好沿影像素材的内沿进行,这样可以使其背景有效地隐藏好,使绘图更准确。蒙版的点过多会影响计算机的运行速度。

(9) 执行"效果"|"生成"|"描边"命令,为"遮罩"添加一个特效,设置参数"画笔大小"为5,效果如图 20-14 所示。

(10) 在时间线窗口中选择"tp1"层,单击"轨道遮罩"按钮,在打开的选项中选择"亮度遮罩'遮罩'",如图 20-15 所示。

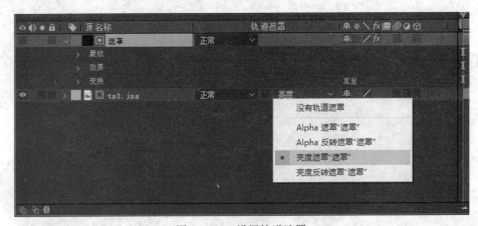

图 20-15　设置轨道遮罩

(11) 按 Ctrl+N 快捷键,新建一个合成影像,命名为"相框"。

(12) 将"tp1.jpg"素材由项目窗口拖至时间线窗口中的"相框"合成影像中,然后在"边"合成影像中,单击"蒙版 1",选中绘制整条"蒙版 1"路径,按 Ctrl+C 快捷键将其复制。在"相框"合成影像中选中"tp1"层,按 Ctrl+V 快捷键将路径粘贴到其中,并勾选"反转"复选框,反转遮罩区域,如图 20-16 所示。

图 20-16 粘贴蒙版路径

(13) 执行"效果"|"透视"|"投影"命令,添加一个特效并设置参数"阴影颜色"为白色,"不透明度"为 100%,"方向"为 0×+180°,"距离"为 10,"柔和度"为 40,效果如图 20-17 所示。

图 20-17 添加"投影"特效

(14) 将"tp2.jpg"拖至相框合成影像的最底层,效果如图 20-18 所示。

图 20-18 导入"tp2.jpg"素材

（15）在时间线中选中"tp2"层，执行"效果"|"抠像"|"线性颜色键"命令，单击"主色"的"吸管"按钮，在"tp2"层上单击天空背景。再将"蓝天.jpg"拖至相框合成影像的最底层并适当调整大小，效果如图 20 - 19 所示。

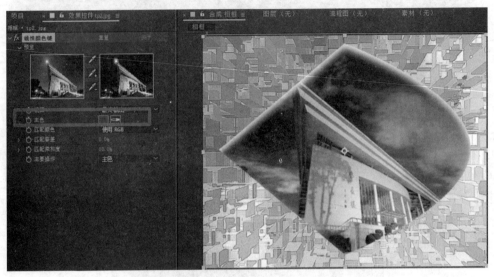

图 20 - 19　更换天空背景后的效果

场景二——旋转的立方体

（1）新建一个合成影像。按 Ctrl＋N 快捷键，打开"合成设置"对话框，设置"合成名称"为"面 1"，"预设"为自定义，"宽"为 450，"高"为 450，"像素长宽比"为方形像素，"帧速率"为 25 帧/秒，"持续时间"为 6 s。

（2）激活时间线窗口，按 Ctrl＋Y 快捷键，新建一个黑色纯色层，命名为"框"。

（3）在时间线窗口中选中"框"，执行"效果"|"生成"|"网格"命令为其添加一个网格特效，设置参数"锚点"为(150,298)，"边角"为(2,446)，"边界"为 10，"不透明度"为 80%，如图 20 - 20 所示。

（4）在项目窗口中选中"tp3.jpg"，将其拖至时间线窗口中，使其位置在"框"的下方，图层的位置与效果如图 20 - 21 所示。

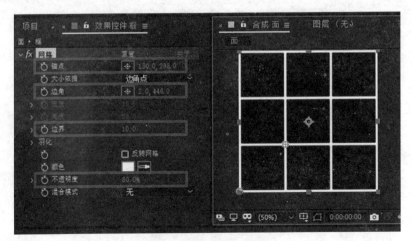

图 20 - 20　添加网格特效

图 20-21 图层的位置与效果

（5）按 Ctrl＋N 快捷键，新建一个合成影像，命名为"面 2"。在合成影像"面 1"中选中图层"框"，按 Ctrl＋C 快捷键将其复制，然后按 Ctrl＋V 快捷键将其粘贴至"面 2"中，在项目窗口中选中"tp4.jpg"，将其拖至时间线窗口的合成影像"面 2"中。"面 2"的效果如图 20-22 所示。

图 20-22 复制图层

（6）用同样的方法创建"面3""面4""面5"和"面6"合成影像，所用图片分别为"tp5.jpg""tp6.jpg""tp7.jpg"和"tp8.jpg"。

（7）再新建一个合成影像，命名为"立方体"，参数"预设"为 PAL D1/DV。

（8）在项目窗口中，将前面创建的"面1"到"面6"的6个合成影像拖至时间线窗口中，然后打开3D开关，如图20-23所示。

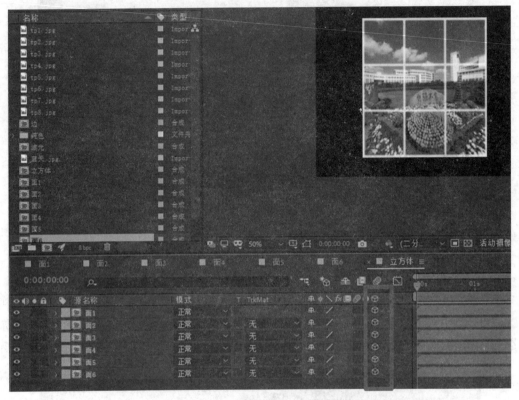

图20-23　导入"面1"至"面6"的6个合成影像并打开3D开关

（9）分别设置6个面的参数，使其形成一个正方体。设置"面1"的"锚点"为(225,225,0)；设置"面2"的"位置"为(360,513,225)，"X轴旋转"为 0×+90°；设置"面3"的"位置"值为(360,288,450)；设置"面4"的"位置"值为(565,288,225)，"方向"为(0,90,0)；设置"面5"的"位置"值为(155,288,225)，"方向"为(0,90,0)；设置"面6"的"位置"值为(360,63,225)，"方向"为(270,0,0)。选择"自定义视图1"，设置参数后的效果如图20-24所示。

（10）在时间线窗口中右击项目栏，在打开的快捷菜单中选择"列数"|"父级和链接"命令，打开"父级和链接"面板，如图20-25所示。注：如已打开"父级和链接"面板，忽略此步骤。

（11）在"父级和链接"面板中，单击"面2"的"链接"按钮，按住鼠标不放，将其拖至"面1"上，使两个面连在一起。用同样的方法对其他4个面进行相同的操作，使其与"面1"连接，形成一个整体，如图20-26所示。

（12）在时间线窗口中选中"面1"，按R键打开其"旋转"属性，当时间指针在第0帧时，单击"Y轴旋转"属性前的"时间变化秒表"按钮，记录关键帧，然后将时间指针调整至最后一帧，设置"Y轴旋转"的参数值为 0×+45°。

图 20 – 24　立方体效果

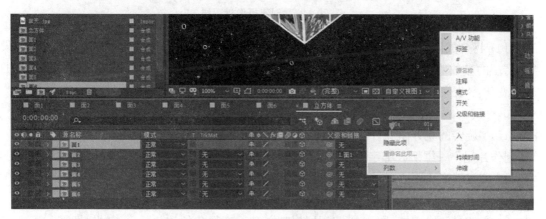

图 20 – 25　"父级和链接"面板

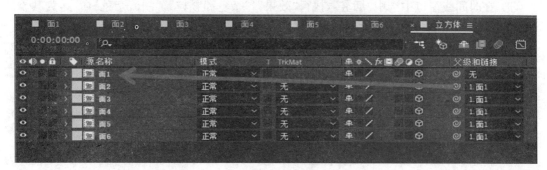

图 20 – 26　连接图层

（13）激活时间线窗口，按 Ctrl＋Alt＋Shift＋C 快捷键，创建一个摄像机图层，如图 20－27 所示。

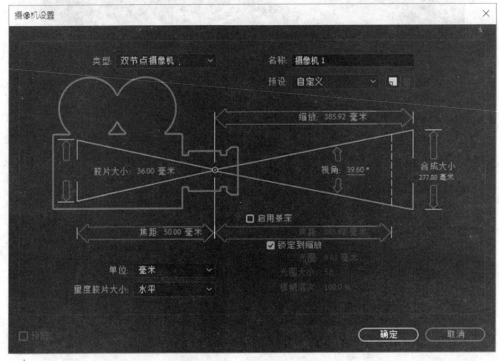

图 20－27　创建摄像机图层

（14）将合成影像窗口中的视角设置为"摄像机 1"，然后在时间线窗口中选中摄像机图层，设置"位置"的参数值为（－2 000，1 700，－1 850），当时间指针在第 0 帧时，单击"位置"属性前的"时间变化秒表"按钮，记录关键帧；将时间指针调至最后一帧，设置"位置"的参数值为（－850，－900，30），记录关键帧。

（15）"旋转的立方体"制作完成。

制作片尾——缥缈云雾字

（1）按 Ctrl＋N 快捷键，新建一个合成影像，命名为"烟雾文字"，设置参数"预设"为 PAL D1/DV，"持续时间"为 5 s。

（2）激活时间线窗口，按 Ctrl＋Y 快捷键，新建一个黑色的纯色层，命名为"烟雾"。

（3）在时间线窗口中选中"烟雾"，执行"效果"|"杂色和颗粒"|"湍流杂色"命令，为其添加一个"湍流杂色"效果，设置参数"对比度"为 120，"亮度"为 17，如图 20－28 所示。

（4）在 0 帧时，单击"烟雾"层属性"效果/湍流杂色/变换"下的"偏移（湍流）"和"效果/湍流杂色/子设置"下的"演化"属性前的"时间变化秒表"按钮，记录关键帧，并设置参数"偏移（湍流）"为（200，150），"演化"为（0×＋0°），如图 20－29 所示。

（5）将时间指针调至第 4 s 的位置，设置"偏移（湍流）"为（300，200），"演化"为（1×＋0°），记录关键帧，如图 20－30 所示。

（6）新建一个文字层，在合成影像窗口中输入文字，设置参数"字体"为隶书，"颜色"为（250，0，120），大小合适，粗体。调整文字在窗口中的位置，效果如图 20－31 所示。

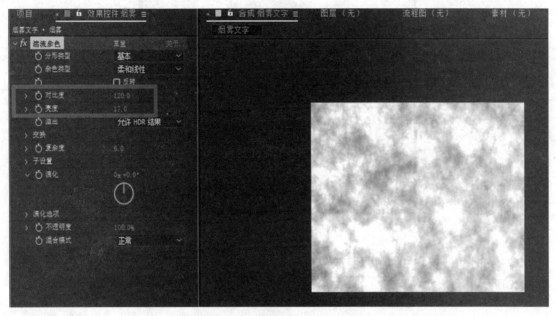

图 20-28　设置湍流效果及参数

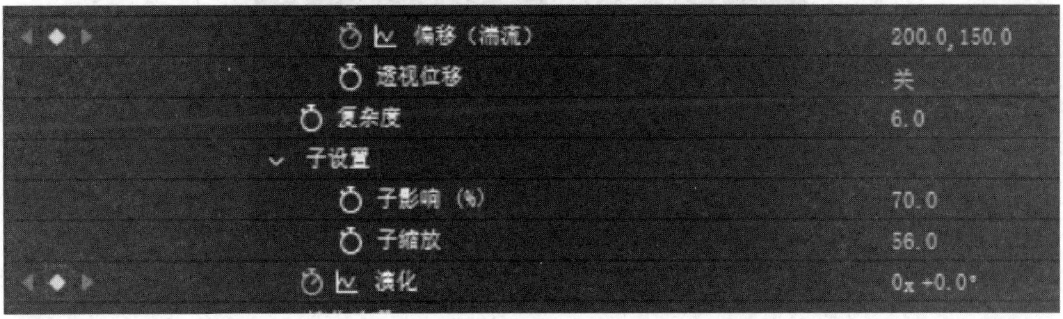

图 20-29　设置第 0 帧相关参数并记录关键帧

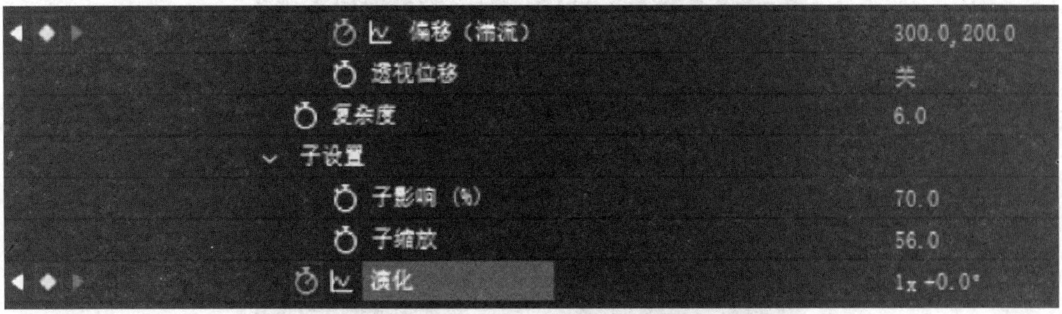

图 20-30　设置第 4 s 相关参数并记录关键帧

图 20 - 31 创建文字层

（7）在时间线窗口中选中"烟雾"层，执行"图层"｜"预合成"命令，将其进行嵌套，如图 20 - 32 所示。

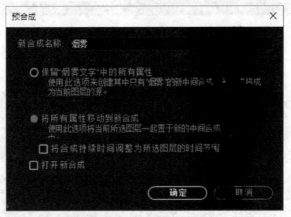

图 20 - 32 "烟雾"嵌套图层

（8）同样在时间线窗口中再选中文字层，按 Ctrl＋Shift＋C 快捷键，将其进行嵌套，如图 20 - 33 所示。

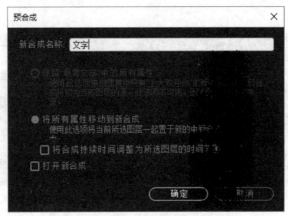

图 20 - 33 "文字"嵌套图层

（9）进行嵌套后,时间线窗口中的图层变为合成影像图层,单击"烟雾"层前的"隐藏"图标,使其不能显示出来,如图 20-34 所示。

图 20-34　关闭"烟雾"层

（10）在时间线窗口中选中"文字"层,执行"效果"|"扭曲"|"置换图"命令,为其添加一个"置换图"特效,设置参数"置换图层"为烟雾,"用于水平置换"为亮度,"最大水平置换"为 400,"用于垂直置换"为亮度,"最大垂直置换"为 400,"置换图特性"为中心图,"边缘特性"勾选"像素回绕"复选框,如图 20-35 所示。

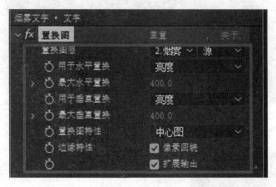

图 20-35　设置"置换图"特效及参数

（11）将时间指针调至第 1 s 的位置,单击"最大水平置换"和"最大垂直置换"属性前的"时间变化秒表"（关键帧）按钮,记录关键帧,如图 20-36 所示。

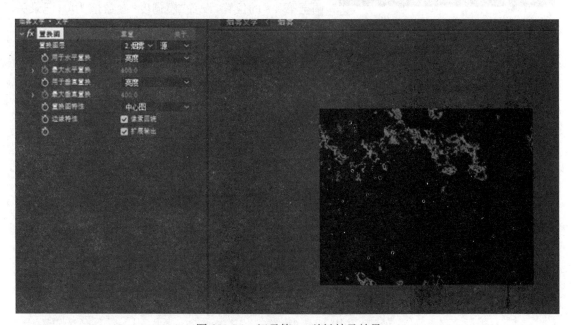

图 20-36　记录第 1 s 关键帧及效果

图 20-37　记录第 4 s 关键帧及效果

（12）将时间指针调至第 4 s 的位置，设置"最大水平置换"和"最大垂直置换"的参数值为 0，记录关键帧，效果如图 20-37 所示。

（13）执行"效果"|"模糊和锐化"|"高斯模糊"命令，为"文字"层添加一个高斯模糊特效，设置参数"模糊度"为 60，效果如图 20-38 所示。

图 20-38　设置高斯模糊效果并设置参数

图 20-39　第 4 s 处的效果

（14）在时间线窗口中选中"文字"，按 Ctrl+D 快捷键，将其复制一层，再将其重命名为"文字 1"，在时间线窗口中打开"文字 1"层的"高斯模糊"特效属性，将"模糊度"参数值调整为 15，在第 0 帧时单击其属性前的"时间变化秒表"按钮，记录关键帧。将时间指针调至第 4 s 的位置，设置"模糊度"参数值为 0，记录关键帧，在第 4 s 处效果如图 20-39 所示。

（15）激活时间线窗口，按 Ctrl+Alt+Y 快捷键新建一个"调整图层 1"，将调整放在最上面。如图 20-40 所示。

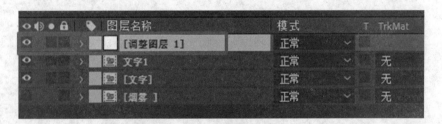

图 20-40　创建调整图层

（16）执行"效果"|"风格化"|"发光"命令，为调整层添加一个发光特效，设置参数"发光阈值"为 47%，"发光半径"为 100，"发光强度"为 0.8，"发光颜色"为 A 和 B 颜色，如图 20-41 所示。

（17）"飘渺云雾字"制作完成，单击预览窗口中的"播放/停止"按钮，查看效果。

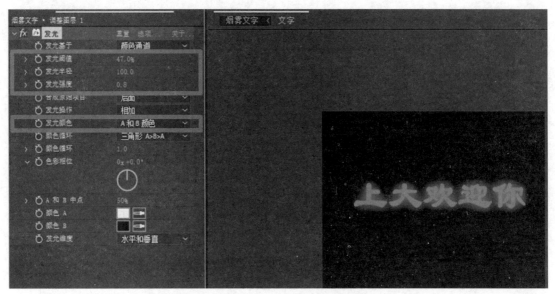

图 20 - 41　设置发光效果并设置参数

最终影片合成

（1）按 Ctrl＋N 快捷键新建一个合成影像，命名为"上大美景"，设置参数"预设"为 PAL D1/DV，"持续时间"为 20 s。

（2）将项目窗口中的"滚光"合成影像拖入时间线窗口。在 2 s 20 帧处设置"不透明度"关键帧，参数为 100％，在 4 s 处设置"不透明度"关键帧，参数为 0％。

（3）将项目窗口中的"相框"合成影像拖入时间线窗口，起始位置为 2 s 20 帧。在 2 s 20 帧处设置"缩放"和"旋转"的关键帧，"缩放"的参数为（0，0％）；在 3 s 21 帧处再次设置"缩放"和"旋转"的关键帧，"缩放"的参数为（100，100％），"旋转"的参数为 1×＋0°。在 10 s 和 10 s 19 帧处分别设置"不透明度"关键帧，参数值分别为 100％和 0％。

（4）将项目窗口中的"立方体"合成影像拖入时间线窗口，起始位置为 10 s。在 10 s 处设置"不透明度"关键帧，"不透明度"参数为 0％；在 10 s 19 帧处再次设置"不透明度"关键帧，"不透明度"参数为 100％。在 14 s 24 帧处设置"缩放"关键帧，"缩放"参数为（100，100％）；在 15 s 19 帧处再次设置"缩放"关键帧，"缩放"参数为（0，0％）。

（5）将项目窗口中的"烟雾文字"合成影像拖入时间线窗口，起始位置为 14 s 19 帧。

（6）新建一个文本图层，输入文字，文字内容在素材文件夹中的"上大歌词.txt"文件中。文字属性如下："字体"为华文新魏，"大小"为 50，加粗，白色。起始时间为 3 s 处。"文本"层的位置如下：在 3 s 处设置"位置"关键帧，"位置"参数为（120，450）；在 14 s 20 帧处再次设置"位置"关键帧，"位置"参数为（120，－450）。在 15 s 处设置"不透明度"关键帧，"不透明度"参数为 100％；在 16 s 14 帧处再次设置"不透明度"关键帧，"不透明度"参数为 0％。

（7）选择文本图层，双击右侧"效果和预设"面板中的"动画预设"|"text"|"multi-line"|"文字处理器"命令，单击"键入/滑块"左侧的关键帧按钮，将原来的关键帧全部清除，如图 20 - 42 所示。

（8）在第 3 s 处，单击"键入/滑块"关键帧，设置参数为 0；在第 15 s 处，设置参数为 140。

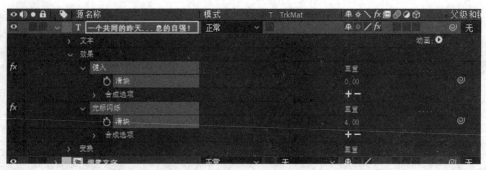

图 20 - 42　清除"滑块"关键帧

注意："滑块"的参数指的是字符数，−1 表示延迟 1 个字符显示，0 表示没有字符显示，140 表示显示 140 个字符。

（9）导入素材文件夹中的"music.mp3"文件，将其从项目窗口拖入时间线，为影片添加一个背景音乐。

（10）单击"预览"窗口中的"播放/停止"按钮，查看效果。最终效果如样张"ae4yz.mp4"所示。

（11）执行"文件"|"保存"命令，将文件以"ae4.aep"为文件名保存到指定文件夹中。

（12）执行"合成"|"预渲染"命令，输出视频文件"ae4.avi"，单击"渲染"按钮，导出 avi 格式的视频文件。

5. 思考题

（1）各图层之间实现关联的方式有哪几种？

（2）"湍流杂色"特效中各参数的作用是什么？

（3）在逐字显示时，滑块中数字的含义是什么？

实验 21　VR 全景漫游制作(一)
——全景图拍摄

1. **实验目的**

(1) 熟悉全景拍摄的硬件设备。

(2) 掌握全景拍摄的拍摄流程与方法。

2. **相关知识点**

掌握全景图制作过程中的硬件使用方法。

3. **实验内容**

利用专业设备拍摄全景图。

4. **实验步骤**

(1) 安装硬件设备,以下操作步骤以 JTS - Rotator SPH 云台为例。

① 安装硬件设备,关键在于将镜头节点放在云台的旋转轴心上。云台安装如图 21 - 1 所示。

安装时先将底座转台安装在三脚架上	再将支架安装在底座上	装上相机

图 21 - 1　云台安装

② 节点位置调节方法。以 JTS - Rotator SPH 全景云台为例,说明如何调节节点位置。图 21 - 2 中的线就是云台的旋转轴心,前两个是底座转台的旋转轴心,最后一个是支架 B 的旋转轴心。

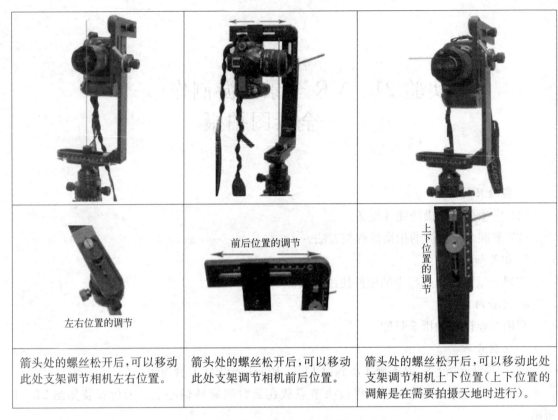

左右位置的调节	前后位置的调节	上下位置的调节
箭头处的螺丝松开后,可以移动此处支架调节相机左右位置。	箭头处的螺丝松开后,可以移动此处支架调节相机前后位置。	箭头处的螺丝松开后,可以移动此处支架调节相机上下位置(上下位置的调解是在需要拍摄天地时进行)。

图 21-2　节点位置调节

③ 节点位置确定方法。

云台的节点是指照相机或摄影(像)机镜头的光学中心穿过此点的光线不会发生折射。对定焦镜头来说只有一个固定的镜头节点,而对于变焦镜头来说则可以有很多节点。拍摄时通过镜头节点的光线在成像面上都不会产生折射,镜头转动时被摄物体也就不会产生位移,而如果不在镜头节点上,转动镜头拍摄就会适得其反。因此,要拍摄完美的全景照片就要使用镜头节点作为旋转中心,这样在拍摄的多张照片中的物体都不会产生位移,可以完美地连接成一张360°全景照片,如图 21-3 所示。

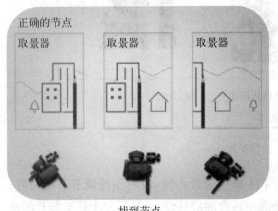

找到节点

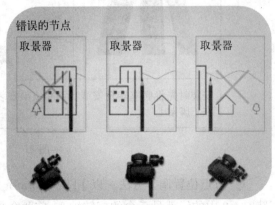

未找到节点

图 21-3　云台节点

　　在镜头前放置一根铅笔或者其他尖锐物体,调整好脚架高度,使之与远处的建筑边缘重合并处于画面中央,转动云台使笔尖位于画面的左侧和右侧,同时观察笔尖是否依然和远处建筑边缘重合,如果为重合则节点调节完毕,如图21-4所示。

图21-4　确定节点位置

　　如果没有重合,则需要调节相机与云台前后的距离使之重合。图21-5为正确和错误的节点位置示范。

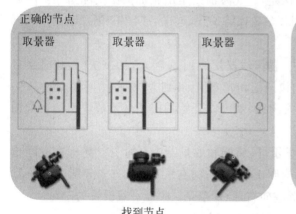
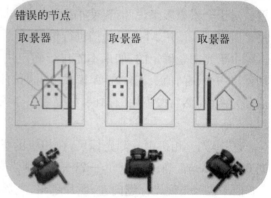

找到节点　　　　　　　　　　未找到节点

图21-5　正确和错误的节点位置

　　(2)调整相机参数,关键是得到合适的光圈值和快门值,拍摄一个点的过程中只能采用同样的曝光参数。以尼康D800为例,如图21-6所示分为图像品质、图像尺寸、白平衡、ISO感光度、光圈、快门以及曝光。

　　①图像品质。影像品质是决定全景图像质量的根本因素之一,所以应选择最高的品质,这里就可以选择JPEG精细。

　　②图像尺寸。与影像品质一样,影像尺寸也是决定全景图像质量的根本因素之一,所以应选择最大尺寸。

　　③白平衡。白平衡一般选择自动即可。

　　④ISO感光度,应选择尽量低的数值,一般而言选择100。不过在光线不佳的情况下(如

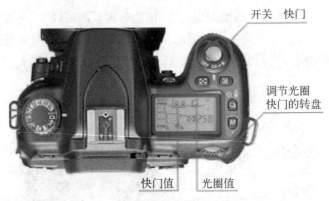

图 21-6　调节快门

夜景，昏暗的室内），可以根据实际情况适当调高 ISO 值，能保证照片亮度即可，过高的 ISO 值会影响成像质量。

⑤ 光圈。一般选择 f/8。

⑥ 快门。快门需要根据拍摄模式来确定。一般相机都会有以下 4 种拍摄模式：M 模式（手动模式），这是完全由拍摄者控制的一种模式，所有的曝光参数都是人为设定；P 模式（自动模式）与 M 模式正好相反，所有的曝光参数都是由相机控制；A 模式（光圈优先模式），可以说是一种半自动模式，光圈由拍摄者决定，而快门则由相机根据环境光线自动判断；S 模式（快门优先模式）与 A 模式正好相反，快门由拍摄者决定，而光圈值则是由相机根据实际情况自动设置。对于全景摄影来说，需要使拍摄的一组图片参数保持一致，这样后期才能更好地调整和拼接。所以必须使用 M 全手动挡进行拍摄。

由于光圈是确定的，如果不能自行确定快门值，建议切换到 A 模式，半按快门，相机会自动得出一个快门值。记住在 A 模式下得到的快门值和光圈值，转到 M 模式，调节到这个快门值和光圈值，然后按下快门拍摄，如果效果令人满意，就可以开始拍摄了。调节快门按钮如图 21-6 所示。

⑦ 曝光。相机中有测光标尺，在相机的显示屏、肩屏和取景器中都可见。光标在中间指向 0 表示曝光正确；向左-1，-2，-3 分别为欠曝 1,2,3 档；向右+1，+2，+3 分别为过曝 1，2,3 档。也就是说光标越向左，照片越暗；光标越向右，照片越亮。曝光一般设置为-2。

（3）拍摄，根据硬件拍摄 4 张、6 张或者 8 张照片，期间注意设备的稳定即可。

安装好相机，并调整好参数后即可开始拍摄。以尼康 D800 和 Sigma 8mm 加 JTS-Rotator SPH 云台为例。只需要水平拍摄 4 张即可。

5. 思考题

在图像质量要求不高的情况下，是否可尝试使用手机完成全景图制作？

实验 22　VR 全景漫游制作(二)
——全景图后期处理与拼接

1. 实验目的

(1) 掌握 Lightroom 中导入照片和批量处理照片的方法。

(2) 掌握 PTGUI 中拼接全景图的方法。

(3) 掌握利用 Photoshop 和 PTGUI 对全景图进行补天补地操作的方法。

2. 相关知识点

后期制作是指对拍摄好的图片素材进行加工、拼接从而得到一张全景图。所用软件如下。

(1) Photoshop。一般来说,普通照片的影调、调色等都由 Photoshop 完成。针对全景来说,Photoshop 在 CS3 版之后,增加了图像缝合功能,这个功能在缝合平面图像上采用了混合算法,看不出接缝,但是不能生成全景图,不能手动优化调整,速度比较慢,大型的图像缝合费时较长,会出现死机等状况,所以并不直接用 Photoshop 拼接图片,但是会经常在拼接好后进行补地或小瑕疵的修整。

(2) Lightroom。Lightroom 可对一组图片统一调色,其中一键同步的功能使后期处理统一影调更加高效。

(3) PTGui Pro。PTGui Pro 英文全称为 Graphical User Interface for Panorama Tools,是国外的一款软件,翻译过来是全景工具用户图形界面。这款软件很小巧,功能却很强大,能自动识别镜头参数,并进行拼接,配合控制点、蒙版、优化器功能,能够快速完美地拼接出一张全景图。

从拍摄的原始图,到最后生成全景图,需要经过 3 个步骤,分别是 Lightroom 润饰,PTGui Pro 处理以及 Photoshop 补地补天。

3. 实验内容

利用 Lightroom,PTGui Pro,Photoshop 这 3 个软件完成全景图的处理与拼接。

4. 实验步骤

实验所用的素材存放在"实验\素材\实验 22"文件夹中。实验样张存放在"实验\样张\实验 22"文件夹中。

(1) Lightroom 润饰。

① 导入照片。

运行 Lightroom 软件,执行"文件"|"导入照片和视频"命令,在打开的对话框左侧选择要导入的照片素材文件夹,单击右下角"导入"按钮,将照片导入工作区,如图 22-1 所示。

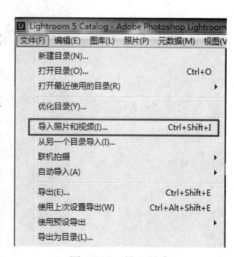

图 22-1　导入照片

② 选择照片。

在界面左侧选中要处理的照片所在文件夹,在界面中部选中要处理的 4 张照片,单击右上方的"修改照片"按钮,如图 22 - 2 所示。

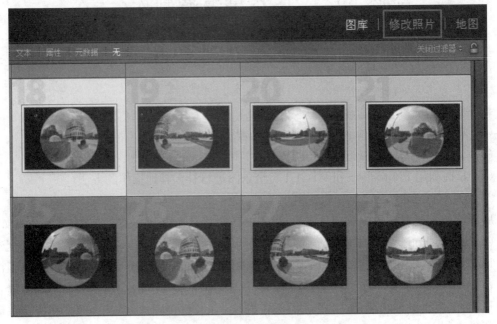

图 22 - 2　选择照片

③ 修改照片。

修改界面右侧"基本"中的图像参数,使图像更加美观,如图 22 - 3 所示。

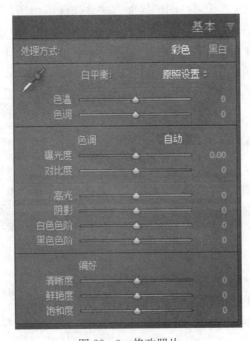

图 22 - 3　修改照片

④ 同步。

单击右下角"同步"按钮，使 4 张照片参数统一，如图 22-4 所示。

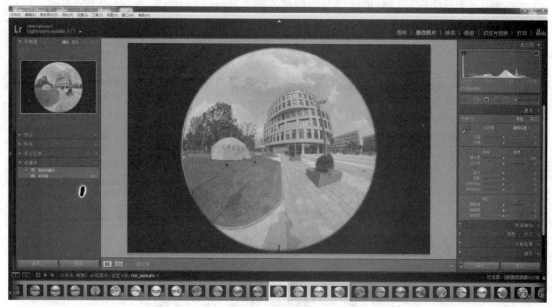

图 22-4　同步照片

⑤ 导出。

右击界面下方的 4 张照片，在打开的快捷菜单中选择"导出"|"导出(E)…"命令。在打开的对话框中选择导出文件夹，设置导出文件名；并将图像品质设为 100，单击"导出"，如图 22-5 所示。

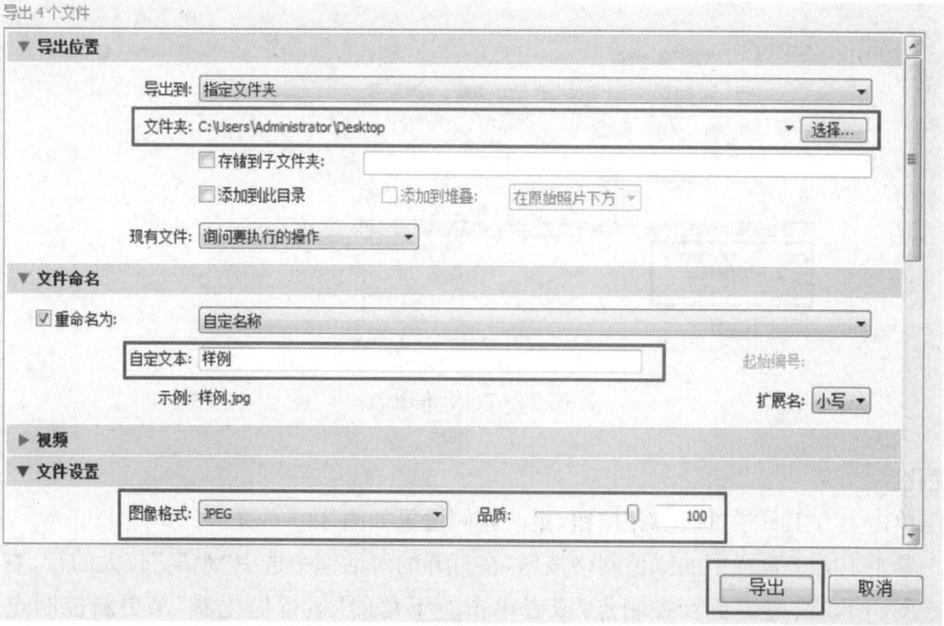

图 22-5　导出文件夹

（2）PTGui Pro 处理。

拼接

① 单击"加载图像"按钮，把处理好的照片放到 PTGui Pro 中，如图 22-6 所示。

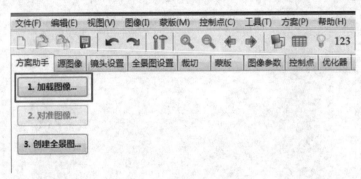

图 22-6　加载图像

② 单击"对准图像"按钮，软件自动拼合照片，如图 22-7 所示。

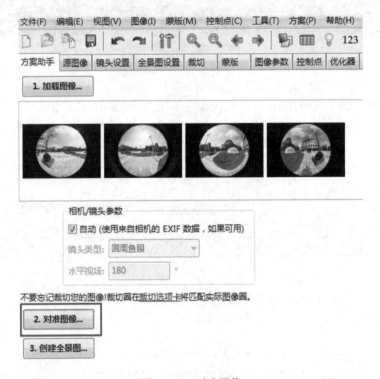

图 22-7　对准图像

优化

① 单击上方工具栏"优化器"按钮，更改左侧设置如图 22-8 所示。

② 单击上方工具栏中的绿色网格按钮，在打开的对话框中选中"距离"较大的行，右击"删除"，按 Alt+F5 快捷键更新控制点，或者单击左下角的"运行优化器"来更新控制点，如图 22-9 所示。反复执行这一操作，直到优化结果显示"好的"或"很好的"，如图 22-10 所示。

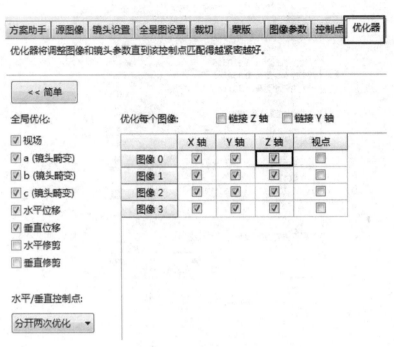

图 22-8　优化器设置

图 22-9　更新控制点

图 22-10 优化结果

导出

① 单击"创建全景图"按钮,单击"设置优化尺寸"按钮,选择最大尺寸。

② 选择照片格式 JPEG,品质默认 95(可选择 100%),仅混合全景图,单击"创建全景图"按钮,等待软件输出完毕后即可得到一张 2∶1 的全景照片 A,如图 22-11 所示。

图 22-11 "创建全景图"按钮

（3）Photoshop 补地补天。

生成补地图片

① 导入。新建一个 PTGui Pro 工程，将上一步操作中生成的全景图导入 PTGui Pro，如图 22 - 12 所示。

② 单击工具栏中的"全景图编辑器"按钮，如图 22 - 13 所示。

③ 在打开的编辑器中，单击上方的长方形按钮，切换为直线模式。拖动两侧的滚动条使得左下方为"100 * 100"，如图 22 - 14 所示。

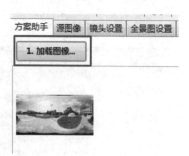

图 22 - 12　全景图导入 PTGui Pro

图 22 - 13　全景图编辑器

图 22 - 14　直线模式

④ 在"全景图编辑器"上方工具栏中单击"123"按钮，如图 22 - 15 所示。

图 22 - 15　角转换

在打开的对话框中进行如图 22 - 16 的设置，单击"应用"按钮。

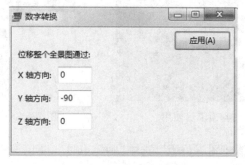

图 22 - 16　数字转换

"全景图编辑器"如图 22-17 所示。

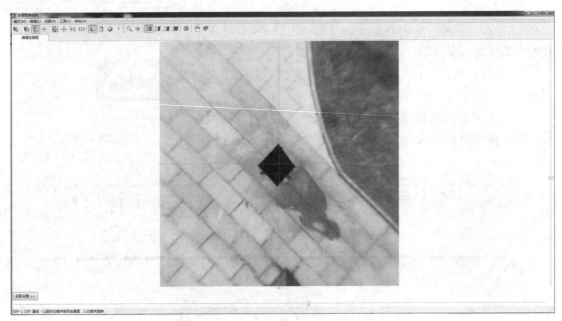

图 22-17　地图

⑤ 单击"创建全景图"按钮,单击"设置优化尺寸"按钮,选择最大尺寸。选择照片格式 TIF,输出图片 B。

Photoshop 补地

① 将图片 B 导入 Photoshop。

② 选择"多边形套索工具",选择一块完整的区域。按 Ctrl+J 快捷键,得到一个新图层, 将新图层上的图片拖动至覆盖黑色区域,如图 22-18 所示。

图 22-18　套索工具使用

图 22-19　图层蒙版设置

③ 在新图层上单击"新建图层蒙版",选中"画笔工具",颜色设置如图 22-19 所示,"不透 明度"设置为 100%。

④ 用"画笔工具"对新图层的边缘进行虚化,直至新图层与周围环境很好地融合。

⑤ 将修改后的图片另存为图片 C,如图 22-20 所示。

图 22-20 补地完成

图 22-21 导入图片 A 和图片 C

生成全景图

① 打开 PTGui Pro,分两次加载图片 A 和图片 C,如图 22-21 所示。

② 单击"镜头设置"按钮,选择"镜头类型"为直线,进行如图 22-22 框中的设置。

图 22-22 镜头设置1

③ 单击"镜头设置"按钮,选择"镜头类型"为等距圆柱全景图,进行如图 22-23 框中的设置。

④ 单击"全景图设置"按钮,进行如图 22-24 的设置。

⑤ 单击"图像参数",进行如图 22-25 的设置。

图 22 - 23　镜头设置 2

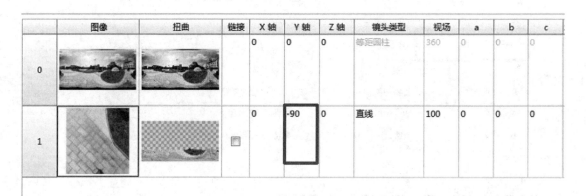

图 22 - 24　全景图设置

	图像	扭曲	链接	X 轴	Y 轴	Z 轴	镜头类型	视场	a	b	c
0				0	0	0	等距圆柱	360	0	0	0
1				0	-90	0	直线	100	0	0	0

图 22 - 25　图像参数设置

⑥ 打开"全景图编辑器",单击"显示细节查看器"(放大镜图标)按钮,查看接缝处有无问题,没问题的话单击"创建全景图"按钮,在"设置优化尺寸"中选择"最大尺寸",生成最终全景图。

5. 思考题

如何进行 VR 场景的切换及信息拓展展示的交互?

实验 23　VR 全景漫游制作(三)
——全景程序生成与部署

1. 实验目的

(1) 掌握 Krpano 中生成全景程序的方法。

(2) 掌握将全景程序部署到服务器上的方法。

2. 相关知识点

(1) Krpano 是一款用于生成全景程序的软件。

(2) 可供选择的服务器有很多,例如 apache,tomcat,nginx。

3. 实验内容

利用 Krpano 生成全景程序并上传至服务器。

4. 实验步骤

(1) 生成全景程序。

下载 Krpano 并安装。打开安装目录,将处理好的所有全景图片选中,全部放进 MAKE VTOUR (NORMAL) droplet(全选图片,按住鼠标左键拖动到 droplet 上,然后松开鼠标左键…),如图 23-1 所示,然后等待 Krpano 完成。命令运行结束时会提示"按任意键继续",关掉命令提示符,这时会发现照片所在文件夹里多了一个名为 vtour 的文件夹,这个就是 Krpano 制作完成的全景漫游文件。

图 23-1　生成全景文件

(2) 运行全景程序。

单击 krpano Testing Server.exe,即可打开测试环境。再打开 vtour 文件夹下的"tour.html"文件,即可开始全景漫游之旅。

(3) 将全景程序上传至服务器。若希望其他人也能访问自己的全景程序,则需要将全景程序上传至服务器。

① 通过阿里云或腾讯云购买一台轻量应用服务器,服务器系统选择 Windows 或 Linux 均可,这里以 Windows 为例。

② 单击"开始"按钮,在搜索框中输入"远程桌面连接",单击显示的远程连接图标。在打开的对话框中输入已购买的服务器 ip,单击"连接"。下一步输入用户名和密码,即可登录服务器。

③ 在服务器上下载并安装 wamp(即 Windows Apache Mysql PHP 集成安装环境),运行软件,如果底部工具栏中 wamp 图标为绿色,表示环境配置成功。

④ 将全景程序文件夹(例如 vtour)拷贝至 wamp/www 文件夹下。

⑤ 在浏览器网址栏输入"服务器 ip/vtour/tour.html"即可开始全景漫游之旅。

5. 思考题

如何用单机版 VR 程序来实现离线 VR 程序应用?

第二部分　基础题

一、单选题

1. 媒体也称媒介或传播媒体，它是承载信息的载体，是信息的表示形式。一般可以分为六种类型，在下述媒体中属于表示媒体的是_____。

    A. 语言   B. 硬盘   C. 内存   D. 图像编码

2. _____是指人们获取信息或者再现信息的物理手段，例如键盘、鼠标、光笔、话筒、扫描仪、数码照相机、摄像机显示器、打印机和投影仪等。

    A. 感觉媒体   B. 表示媒体   C. 显示媒体   D. 传输媒体

3. _____可作为多媒体输出设备使用。

    A. 数码相机   B. 鼠标   C. 投影仪   D. 扫描仪

4. _____不属于信息交换媒体。

    A. 网络   B. 内存   C. 显示器   D. 电子邮件

5. _____是指直接作用于人类的感觉器官，使人能直接产生感觉的一类媒体。

    A. 感觉媒体   B. 表示媒体   C. 显示媒体   D. 传输媒体

6. 媒体在计算机中有两种含义：一是指用于存储信息的实体，二是指信息载体，下列属于信息载体的有_____。

    A. 文本   B. 纸张   C. 电缆   D. 磁盘

7. 多媒体技术中必不可少的技术是_____。

    A. 虚拟内存管理   B. 计算机技术   C. 数据压缩技术   D. 通信技术

8. 目前，多媒体关键技术中还不包括_____。

    A. 数据压缩技术   B. 视频信息处理

    C. 神经元计算机技术   D. 虚拟现实技术

9. 以下_____不是多媒体技术的主要处理对象。

    A. 文字   B. 图像   C. 动画   D. 计算机

10. _____是采用算法语言或某些应用软件生成的，具有体积小、线条圆滑变化的特点。

    A. 文字   B. 图像   C. 动画   D. 图形

11. _____是采用像素点描述的自然影像。

    A. 文字   B. 图像   C. 动画   D. 图形

12. _____是通过把人、物的表情、动作、变化等分段画成许多画幅，再通过某种设备连续播放一系列的画面，从而在视觉上造成连续变化的画面效果。

    A. 文字   B. 图像   C. 动画   D. 图形

13. 视频信号是指电视信号、静止图像信号和可视电视图像信号。以下_____不是视频信号制式。

    A. NTSC   B. PAD   C. PAL   D. SECAM

14. 以下_____不是多媒体技术的基本特征。

    A. 集成性   B. 交互性   C. 实时性   D. 独立性

15. _____是指人和计算机能够"对话",使人可以选择控制应用过程,是多媒体应用技术的关键特性。

    A. 集成性   B. 交互性   C. 实时性   D. 独立性

16. _____是指将多种媒体有机地组织在一起,形成一个完整的整体以及这些媒体相关的设备集成。

    A. 集成性   B. 交互性   C. 实时性   D. 独立性

17. 多媒体技术中的_____特征需要考虑时间特性,例如存取数据的速度、解压缩以及最后的播放速度的实时处理。

    A. 集成性   B. 交互性   C. 实时性   D. 独立性

18. 一个完整的多媒体计算机系统由硬件和软件两部分组成,以下_____不是硬件系统设备。

    A. 计算机   B. 数码相机   C. 多媒体投影仪   D. 多媒体书报

19. 一种比较确切的说法是:多媒体计算机是能够_____的计算机。

    A. 接受多媒体信息   B. 输出多媒体信息

    C. 将多种媒体信息融为一体进行处理   D. 播放 CD 音乐

20. 多媒体计算机系统是能进行获取、_____、存储和播放多媒体信息的计算机系统。

    A. 点播   B. 显示   C. 采集   D. 编辑

21. 根据多媒体的特性,以下不属于多媒体范畴的是_____。

    A. 网络游戏   B. 电子相册   C. 视频会议   D. 模拟电视

22. 在多媒体系统自上而下的层次结构中,顶层是_____。

    A. 多媒体应用系统   B. 多媒体创作系统

    C. 多媒体输入/输出接口   D. 多媒体外围设备

23. 多媒体核心系统软件在多媒体计算机系统的层次结构中的位置是_____。

    A. 在多媒体 I/O 接口与多媒体素材制作平台之间

    B. 在多媒体创作系统与多媒体应用系统之间

    C. 在多媒体计算机基本硬件与多媒体 I/O 接口之间

    D. 在最底层

24. 多媒体_____接口是多媒体硬件和软件的桥梁。它主要负责完成各类多媒体硬件设备的驱动控制,并提供相应的软件接口,以便于高层软件系统的调用。

    A. 用户界面   B. 输入/输出

    C. 操作界面   D. 网络设备

25. 多媒体计算机系统自上而下的层次结构主要包括_____。

    (1)多媒体应用系统   (2)多媒体外围设备   (3)多媒体核心系统软件   (4)多媒体创作系统   (5)多媒体 I/O 接口   (6)多媒体素材制作平台   (7)多媒体计算机基本硬件

A. (1)(4)(6)(3)(5)(7)(2)　　　　　B. (1)(2)(3)(4)(5)(6)(7)

C. (1)(5)(6)(4)(3)(7)(2)　　　　　D. (2)(7)(5)(3)(6)(4)(1)

26. 多媒体板卡是建立多媒体应用程序工作环境必不可少的硬件设备,以下_____不是常用的多媒体板卡。

A. 网卡　　　　　B. 音频卡　　　　　C. 视频采集卡　　　　　D. 显示卡

27. _____是处理和播放多媒体声音的关键部件,是计算机处理声音信息的专用功能卡。

A. 网卡　　　　　B. 音频卡　　　　　C. 视频采集卡　　　　　D. 显示卡

28. 通过_____上的输入/输出接口可以将模拟摄像机、录像机、LD视盘机、电视机等输出的视频数据或者视频音频的混合数据输入计算机,并转换成计算机可辨别的数字数据,存储在计算机中,成为可编辑处理的视频数据文件。

A. 网卡　　　　　B. 音频卡　　　　　C. 视频采集卡　　　　　D. 显示卡

29. _____是计算机主机与显示器之间的接口,用于将主机中的数字信号转换成图像信号并在显示器上显示出来,它决定屏幕的分辨率和显示器上可以显示的颜色。

A. 网卡　　　　　B. 音频卡　　　　　C. 视频采集卡　　　　　D. 显示卡

30. 以下_____不是扫描仪的主要技术指标。

A. 分辨率　　　　　B. 色彩位数　　　　　C. 灰度值　　　　　D. 信噪比

31. 在多媒体输入输出设备中,既是输入设备又是输出设备的是_____。

A. 显示器　　　　　B. 扫描仪　　　　　C. 触摸屏　　　　　D. 打印机

32. 触摸屏技术是一种广泛应用的交互式输入技术,目前手机等移动设备所采用的触摸屏传感类型是_____。

A. 电容式　　　　　B. 电阻式　　　　　C. 表面声波式　　　　　D. 红外式

33. 根据传感器的类型,触摸屏一般可分为_____、电阻式、表面声波式、电容式四种。

A. 响应式　　　　　B. 红外线式　　　　　C. 指点式　　　　　D. 交互式

34. 刷新速度是指屏幕画面每秒刷新的次数,一般达_____帧以上,保证人眼不会有闪烁感。

A. 85　　　　　B. 60　　　　　C. 50　　　　　D. 75

35. _____不属于液晶显示器的优点。

A. 辐射低　　　　　　　　　　B. 画质精细

C. 无线性失真　　　　　　　　D. 可视偏转角度大

36. 音频卡的主要功能是_____。

A. 自动录音　　　　　　　　　B. 音频信号的输入输出接口

C. 播放 VCD　　　　　　　　　D. 放映电视

37. 下列关于音频卡的论述正确的是_____。

A. 音频卡的分类主要是根据采样的频率来分,频率越高,音质越好

B. 音频卡的分类主要是根据采样信息的压缩比来分,压缩比越大,音质越好

C. 音频卡的分类主要是根据接口功能来分,接口功能越多,音质越好

D. 音频卡的分类主要是根据采样量化的位数来分,位数越高,量化精度越高,音质越好

38. 流明是衡量_____的主要性能指标。

  A. 多媒体投影仪 B. 数码摄像机 C. 数码相机 D. 触摸屏

39. 按照触摸屏的工作原理和传输信息的介质,触摸屏大致被分为红外线式、电阻式、表面声波式和_____。

  A. 电容感应式 B. 响应式 C. 指点式 D. 交互式

40. 从系统资源占用情况看,适当调低显示器的刷新率_____。

  A. 会减轻显卡负担   B. 会增加系统资源负担

  C. 会增加显卡负担   D. 不影响系统资源占用状况

41. 线性度与视差是衡量_____的主要性能指标。

  A. 多媒体投影仪 B. 数码摄像机 C. 数码相机 D. 触摸屏

42. 下列视频采集卡中,一般来说,性能指标最高的是_____。

  A. 专业级视频采集卡   B. 民用级视频采集卡

  C. 广播级视频采集卡   D. 家用视频采集卡

43. Adobe 公司的 Photoshop 是一款基于像素的图像处理软件,该软件属于_____。

  A. 多媒体应用系统   B. 多媒体创作系统

  C. 多媒体素材制作平台   D. 多媒体核心系统软件

44. 1984 年,美国 Apple 公司推出被认为是代表多媒体技术兴起的_____计算机,开创了用计算机进行图像处理的先河。

  A. Amiga   B. Macintosh

  C. Compact Disc Interactive   D. Digital Video Interactive

45. 1985 年,美国 Commodore 公司推出了世界上第一台真正的多媒体系统_____,该系统以其功能完备的视听处理能力,大量丰富的实用工具以及性能优良的硬件,使全世界看到了多媒体技术的未来。

  A. Amiga   B. Macintosh

  C. Compact Disc Interactive   D. Digital Video Interactive

46. 最早用图形用户接口(GUI)取代计算机用户接口(CUI)的公司是_____。

  A. 美国无线电公司 RCA   B. 美国 Commodore 公司

  C. 美国 Apple 公司   D. 荷兰 Philips 公司

47. _____是腾讯公司于 2011 年推出的一个为智能手机提供即时通信服务的免费应用程序,至 2019 年一季度注册用户已经突破 11 亿。

  A. 微博   B. 微信   C. 博客   D. QQ

48. 目前多媒体技术正向两个方向发展,一个是多媒体终端的部件化、智能化和嵌入化,另一个是_____。

  A. 多媒体网络化发展趋势   B. 多媒体简约化发展趋势

  C. 多媒体大型化发展趋势   D. 多媒体智能化发展趋势

49. 嵌入式多媒体系统可应用在人们生活与工作的各个方面,以下_____不属于嵌入式多媒体系统在家庭领域电子产品中的应用。

  A. 数字机顶盒 B. 网络冰箱 C. 电子邮件 D. WebTV

50. 下列各组应用中,不属于多媒体技术应用的是_____。

A. 计算机辅助训练　　　　　　　　B. 脉冲电话

C. 虚拟现实　　　　　　　　　　　D. 网络视频会议

51. 多媒体技术在教育领域方面的应用主要体现在计算机辅助教学、计算机辅助学习、计算机化教学、计算机化学习、计算机辅助训练以及计算机管理教学,其中"计算机辅助教学"的缩写是_____。

A. CAI　　　　　B. CAL　　　　　C. CAM　　　　　D. CAT

52. "视频会议"属于多媒体技术应用领域的_____方面。

A. 信息服务　　　B. 过程模拟　　　C. 军事　　　　　D. 通信与网络协作

53. "可视电话"主要体现了多媒体技术的_____基本特性。

A. 多样性　　　　B. 可扩充性　　　C. 集成性　　　　D. 实时性

54. _____是一种利用宽带互联网、多媒体、通信等多种技术于一体,向家庭用户提供包括数字电视在内的多种交互式服务的崭新技术。

A. IDTV　　　　　B. PPTV　　　　　C. IPTV　　　　　D. IGTV

55. 移动媒体是指基于_____和无线数字通信技术而开发的一种电信增值服务。

A. 数字电视　　　　　　　　　　　B. VOD

C. 服务器　　　　　　　　　　　　D. 个人移动数字处理终端

56. 在计算机内,多媒体数据最终是以_____形式存在的。

A. 二进制代码　　B. 特殊的压缩码　C. 模拟数据　　　D. 图像

57. _____直播软件采用的是比较先进的技术,用户越多,速度反而越快。彻底改变了用户量和网络带宽之间的老大难问题。

A. P2P　　　　　B. B2B　　　　　C. C2C　　　　　D. B2C

58. "虚拟现实技术"属于多媒体技术应用领域的_____方面。

A. 信息服务　　　B. 过程模拟　　　C. 军事　　　　　D. 通信与网络协作

59. 计算机多媒体技术中采用的虚拟现实技术,属于_____的范围。

A. 虚拟内存　　　　　　　　　　　B. 家庭影院管理

C. 多功能家政管理　　　　　　　　D. 实时处理

60. VR(虚拟现实)环境系统的三个基本特性是_____、交互、构想,虚拟技术的核心是建模与仿真。

A. 沉浸　　　　　B. 3D　　　　　C. 体感　　　　　D. 环幕

61. 下面_____说法是正确的。

A. 有损压缩压缩比大于无损压缩

B. 无损压缩压缩比大于有损压缩

C. 无损压缩和有损压缩二者的压缩比一样大

D. 无损压缩和有损压缩二者的压缩比大小无法比较

62. 下面_____编码属于预测编码。

A. PCM　　　　　B. LZW　　　　　C. MPEG　　　　　D. LPC

63. 有一模拟信号,其最大频率为48 kHz,在转换为数字信号时,为保证信号不失真,采样频率最低必须为_____。

    A. 24 kHz   B. 48 kHz   C. 96 kHz   D. 192 kHz

64. 下面_____信息应该应用无损压缩。

    A. 音频   B. 应用软件   C. 图像   D. 视频

65. 下面属于统计编码的是_____。

    A. ADPCM   B. PCM   C. 霍夫曼编码   D. LPC

66. 帧间预测编码技术被广泛应用于_____编码。

    A. 语音   B. 视频   C. 图像   D. 文字

67. JPEG 是_____编码格式。

    A. 语音   B. 视频   C. 图像   D. 文字

68. DPCM 中文全称是_____。

    A. 脉冲编码调制   B. 差分脉冲编码调制

    C. 自适应差分脉冲编码调制   D. 线形编码预测

69. ADPCM 中文全称是_____。

    A. 脉冲编码调制   B. 差分脉冲编码调制

    C. 自适应差分脉冲编码调制   D. 线形编码预测

70. LPC 中文全称是_____。

    A. 脉冲编码调制   B. 差分脉冲编码调制

    C. 自适应差分脉冲编码调制   D. 线形编码预测

71. PCM 中文全称是_____。

    A. 脉冲编码调制   B. 差分脉冲编码调制

    C. 自适应差分脉冲编码调制   D. 线形编码预测

72. 下面所述的压缩算法中,_____的压缩算法最好。

    A. 压缩算法简单,压缩和解压缩速度慢   B. 压缩算法复杂,压缩和解压缩速度快

    C. 压缩算法简单,压缩和解压缩速度快   D. 压缩算法复杂,压缩和解压缩速度慢

73. 有一字符串"AAAA77DDDHHAA",用行程编码技术进行编码,编码后的结果为_____。

    A. 4A273D2H2A   B. * 4A* 27* 3D* 2H* 2A

    C. * 6A* 27* 3D* 2H   D. 6A273D2H

74. 对以下字符序列进行行程编码,_____可以获得最高的压缩比。

    A. AAADDDFRRGHDDDK   B. AAADDDDRRGDDDDMN

    C. BBDDDDRRRRRRKKK   D. AAAADDDDRRGGGGFHT

75. 采用霍夫曼编码时,下面_____说法是正确的。

    A. 概率大的符号编码长度短,概率小的符号编码长度长

    B. 概率大的符号编码长度长,概率小的符号编码长度短

    C. 概率大的符号编码长度长,概率小的符号编码长度长

    D. 编码长度和符号概率大小无关

76. 帧间内插法是在系统的发送端每隔一段时间丢弃一帧或几帧图像,在接收端利用图

像的帧间相关性将丢弃的帧通过内插恢复出来,以防止帧率下降引起闪烁和动作不连续。这个方法是利用了数据的_____原理来实现的。

A. 空间冗余　　　　B. 视觉冗余　　　　C. 统计冗余　　　　D. 结构冗余

77. 对多媒体信息采用压缩技术是为了解决_____的问题。

A. 数据量过大　　B. 信息的有效性　　C. 信息的相关性　　D. 以上都不对

78. 在编码中可以除去或减少的数据称为_____。

A. 有效数据　　　B. 无效数据　　　　C. 冗余数据　　　　D. 无用数据

79. 流媒体就是应用流技术,在网络上传输_____。

A. 视频　　　　　B. 多媒体文件　　　C. 音频　　　　　　D. 图片

80. 与单纯的下载方式相比,流式传输方式具有的优点是:对系统缓存容量的需求大大降低并且_____。

A. 下载速度快　　　　　　　　　　B. 需要的网络设备少

C. 启动延时大幅度缩短　　　　　　D. 提供服务多

81. 表示流媒体视频码率的单位是_____。

A. pixel　　　　　B. bps　　　　　　C. fps　　　　　　D. Hz

82. 网络多媒体是_____相互渗透和发展的产物。

A. 多媒体和网络　　　　　　　　　B. 多媒体、通信、计算机和网络

C. 多媒体和通信　　　　　　　　　D. 多媒体、通信和网络

83. 需要通过网络实时传输_____等多媒体数据的场合越来越多。

A. 音频和视频　　B. Word 文件　　　C. 图片　　　　　　D. 动画文件

84. 流媒体业务对网络拥塞、_____和抖动极其敏感。

A. 速率　　　　　B. 丢包率　　　　　C. 时延　　　　　　D. 信息错误

85. 资源预留协议是_____。

A. RTP　　　　　B. RSVP　　　　　C. RTCP　　　　　　D. QoS

86. RSVP 是由_____执行操作的协议。

A. 接收方　　　　　　　　　　　　B. 发送方

C. 发送方和接收方共同　　　　　　D. 网络管理者

87. RSVP 协议中,数据包通过位于网络节点上的_____使用预留资源。

A. 带宽　　　　　B. 流标记　　　　　C. 滤包器　　　　　D. 缓冲区

88. 多媒体传输协议中,_____协议在业务流传送前,预约一定的网络资源,建立静态或动态的传输逻辑通路,从而保证每个业务流有足够的"独享"带宽,提高 QoS 性能。

A. RTP　　　　　B. RSVP　　　　　C. RTSP　　　　　　D. MMS

89. RTP 协议(实时传输协议)不适合_____应用。

A. 视频点播　　　B. 电子邮件　　　　C. 电视会议　　　　D. 可视电话

90. 目前使用的第二代互联网技术是_____。

A. IPV4　　　　　B. IPV3　　　　　　C. IPV6　　　　　　D. IPV5

91. 时延是指一项服务从网络入口到出口的平均经过时间,在任何系统中,_____总是存在的。

A. 传播时延　　　　　B. 排队时延　　　　　C. 交换时延　　　　　D. 分组时延

92. 多媒体应用大多是_____的,会涉及点到点、点到多点、多点到多点等多种通信模式。

A. 集中式　　　　　B. 分层式　　　　　C. 综合型　　　　　D. 分布式

93. 多媒体通信系统中,提供面向服务(如身份验证、呼叫路由选择等)功能的部件是_____。

A. 网关　　　　　B. 通信终端　　　　　C. 会务器　　　　　D. 服务器

94. 多媒体核心系统软件主要指_____和多媒体设备的驱动程序,其主要任务是控制多媒体设备的使用,协调软件环境的各项操作。

A. 多媒体应用系统　　　　　　　　B. 多媒体创作系统

C. 多媒体 I/O 接口　　　　　　　　D. 多媒体操作系统

95. 多媒体计算机系统是指能够进行获取、编辑、_____和播放多媒体信息的计算机系统。

A. 压缩　　　　　B. 存储　　　　　C. 采集　　　　　D. 传输

96. 多媒体技术是以计算机为工具,接收、处理和显示由文字、_____、图像、动画和视频等表示信息的技术。

A. 声音　　　　　B. 编码　　　　　C. 视觉　　　　　D. 触觉

97. 多媒体数据库系统的层次结构与传统的关系数据库基本一致,包括_____、概念层和表现层。

A. 物理层　　　　　B. 应用层　　　　　C. 协议层　　　　　D. 连接层

98. 多媒体通信系统的主要部件包括网关、会务器和_____。

A. 协议　　　　　B. 通信终端　　　　　C. 视频采集器　　　　　D. 解码器

99. 多媒体作品创作的一般流程是_____。

A. 需求分析、规划设计、素材的采集与加工、作品集成

B. 需求分析、规划设计、素材的采集与加工、作品集成、测试与发布、评价

C. 需求分析、规划设计、素材的采集与加工、作品集成、测试与发布

D. 需求分析、规划设计、素材的采集与加工、作品集成、评价

100. 多媒体作品制作过程中,会涉及种类繁多、数据量巨大的素材,关于素材优化描述错误的是_____。

A. 可以调整图像的尺寸　　　　　　B. 不能明显影响用户体验

C. 可以调整动画的帧频　　　　　　D. 不能进行素材格式的转换

101. 多媒体会议系统是计算机和通信技术结合的产物,充分体现了信息社会的_____特点。

A. 数字化　　　　　B. 快速化　　　　　C. 现代化　　　　　D. 多样化

102. 多媒体会议系统涉及的信息分为音频、_____、数据和控制信息四大类。

A. 视频　　　　　B. 声音　　　　　C. 图片　　　　　D. 文字

103. 多媒体会议系统要求网络基础设施具有较高的支持_____的能力。

A. 快速传输图片　　　　　　　　　B. 无差错传输

C. 实时传输　　　　　　　　　　D. 快速传输视频

104. 根据媒体的发展历程划分，_____媒体属于第四媒体。

A. 广播　　　　　B. 报纸　　　　　C. 互联网　　　　D. 电视

105. 公民用以发布自己亲眼所见、亲耳所闻事件的载体，如博客、微博、微信等网络社区，通常称为_____。

A. 存储媒体　　　B. 平面媒体　　　C. 自媒体　　　　D. 表示媒体

106. 关于多点触控技术描述，错误的是_____。

A. 多点触控是在同一显示界面上的多点或多用户的交互操作模式，摒弃了键盘、鼠标的单点操作方式

B. 用户可通过单击、双击、平移、按压、滚动以及旋转等不同手势触摸屏幕

C. 多点触控可以使用在展览馆、博物馆、科技馆、企业展厅、写字楼、俱乐部会所等信息展示场所

D. iPhone 4S 及以上手机采用了电阻式多点触控技术

107. 视频点播 VOD 由_____、传送网络和用户三大部分组成。

A. 视频服务提供商　　　　　　　B. 视频

C. Internet 服务提供商　　　　　D. 服务器

108. 混合光纤同轴（HFC）具有目前其他网络无法比拟的_____优势。

A. 带宽　　　　　B. 稳定　　　　　C. 抗干扰能力强　　D. 廉价

109. 构造多媒体数据库的方法大致可以分为两类，其一是在关系数据库的基础上构造多媒体数据库，其二是_____。

A. 在面向对象数据库的基础上构造多媒体数据库

B. 在层次数据库的基础上构造多媒体数据库

C. 在网状数据库的基础上构造多媒体数据库

D. 在网络数据库的基础上构造多媒体数据库

110. 在多媒体数据库管理系统的层次结构图中，_____可以分为视图层和用户层。

A. 物理层　　　　B. 概念层　　　　C. 表现层　　　　D. 数据库层

111. 多媒体数据库系统的层次结构与传统的关系数据库基本一致，自下而上依次为_____。

A. 物理层、概念层和表现层

B. 物理层、表现层和概念层

C. 用户接口层、超文本抽象机和数据库层

D. 用户接口层、数据库层和超文本抽象机

112. _____年北大西洋公约组织的计算机科学家在联邦德国召开国际会议，第一次讨论软件危机问题，并正式提出"软件工程"一词。

A. 1956　　　　　B. 1958　　　　　C. 1966　　　　　D. 1968

113. _____是将软件生存周期划分为制定计划、需求分析、系统设计、软件编程、软件测试和软件维护 6 个基本活动。

A. 瀑布模型　　　B. 快速原型模型　　C. 螺旋模型　　　D. 智能模型

114. _____的关键在于尽可能快速地建造出软件原型,一旦确定了客户的真正需求,所建造的原型将被丢弃。

    A. 瀑布模型   B. 快速原型模型   C. 螺旋模型   D. 智能模型

115. 1988年,Barry Boehm 正式发表了软件系统开发的_____,它特别适合于大型复杂的系统。

    A. 瀑布模型   B. 快速原型模型   C. 螺旋模型   D. 智能模型

116. _____在实施中要建立知识库,将模型本身、软件工程知识与特定领域的知识分别存入数据库。

    A. 瀑布模型   B. 快速原型模型   C. 螺旋模型   D. 智能模型

117. 在对现实世界向信息世界的抽象过程中,_____方法是一种广泛采用而且行之有效的成熟技术,该方法主要用来分析系统内容承载的数据模型。

    A. E—S   B. E—R   C. A—S   D. A—R

118. 在多媒体课件系统设计的现代传播理论基础中,_____提出了"5W"传播理论。

    A. 施拉姆   B. 拉斯威尔   C. 贝罗   D. 马斯洛

119. 布鲁纳所认为的多媒体课件系统教学过程组织策略是_____。

    A. 螺旋式组织   B. 渐进分化组织

    C. 自底向上/自顶向下组织   D. 最短路径组织

120. 以下_____不是多媒体应用系统目标分析的原则。

    A. 科学性   B. 艺术性   C. 仿真性   D. 技术性

121. _____是增加了座椅特效和环境特效的立体电影,它将听觉、视觉、嗅觉、触觉及动感等完美地融为一体,产生身临其境的参与感。

    A. 动感影院   B. 3D 影院   C. 4D 影院   D. 5D 影院

122. 国际电报电话咨询委员会(CCITT)所制定的媒体类型不包括_____媒体。

    A. 显示   B. 感觉   C. 压缩   D. 传输

123. 互动地幕采用先进的计算机视觉技术和投影显示技术来营造一种奇幻动感的交互体验,系统可在观众脚下产生各种特效影像。当观众走过互动区域时,通过_____,该观众的动作可以与地幕系统进行实时交互。

    A. 视觉系统识别   B. 语音系统识别   C. 投影系统识别   D. 网络系统识别

124. 基于富网络应用(RIA)的多媒体创作工具通过网络发布,解决了普通桌面应用程序的发布和更新问题,同时具有良好的用户交互体验。目前 RIA 的几个应用框架主要包括 Animate Builder、JQuery、Silverlight 和_____等。

    A. HTML2   B. HTML3   C. HTML4   D. HTML5

125. 利用多媒体丰富的表现形式和_____技术,能够设计出逼真的仿真训练系统,也可以模拟设备运行、化学反应和天体演化等过程。

    A. 虚拟现实   B. 信息服务   C. 网络通信   D. 数据压缩

126. 利用干涉或衍射原理记录并再现物体的三维图像,在三维空间中呈现物体的立体影像,该技术称为_____技术。

    A. 数字   B. 立体   C. 虚拟   D. 全息

127. 媒体在计算机领域中有两种含义：一是指信息存储实体，二是指_____。

A. 传输媒介　　　　B. 感觉媒体　　　　C. 信息载体　　　　D. 交互数据

128. 热标是确定多媒体信息关联的链源，其形式一般有热字、热区、热元、热点、热属性等，其中_____主要用于动态视频、声音等时基类媒体在时间轴上的触发转移。

A. 热字　　　　　B. 热区　　　　　C. 热点　　　　　D. 热元

129. 如果在多媒体作品中每切换一个界面就变换一套不同的交互方法，这违背了交互设计的_____原则。

A. 定位　　　　　B. 平衡性　　　　C. 可视化　　　　D. 一致性

130. 三维全景是指将摄像机拍摄的水平方向 360°，垂直方向 180°的多张照片拼接成一张全景图像，采用计算机图形图像技术构建出_____，让使用者能够控制浏览的方向，可左可右、可上可下观看物体或场景，产生身临其境的感受。

A. 全景空间　　　　B. 漫游大师　　　　C. 造景空间　　　　D. 建模空间

131. 人类语音的频带宽度通常为_____Hz。

A. 100～10 000　　B. 1～100　　　　C. 1～1 000　　　　D. 10～1 000

132. 通常情况下，理想的压缩算法表现为_____。

A. 压缩算法简单，压缩和解压缩速度慢

B. 压缩算法复杂，压缩和解压缩速度快

C. 压缩算法简单，压缩和解压缩速度快

D. 压缩算法复杂，压缩和解压缩速度慢

133. 网络多媒体服务质量(QoS)的类型可以划分为确定型、_____和统计型三种。

A. 线性型　　　　B. 指数型　　　　C. 流程型　　　　D. 尽力型

134. 微软 2017 年推出的_____全息眼镜是融合 CPU、GPU 和全息处理器的特殊眼镜，可使用户进入虚拟世界，以周边环境为载体进行全息体验。

A. Oculus　　　　B. GEAR　　　　C. Hololens　　　　D. HTC Vive

135. 为减轻 CPU 的压力，一些声卡上装有_____芯片，用于压缩/解压缩数字音频信号，使用数字信号处理方法完成语音编码、语音合成、语音识别。

A. Mixer　　　　B. MIDI　　　　C. ALU　　　　D. DSP

136. 下列关于多媒体数据压缩的说法，不正确的是_____。

A. 冗余压缩是一个不可逆过程，也叫有失真压缩

B. 数据之间尤其是相邻数据之间，通常存在相关性

C. 可以通过某些变换尽可能地去掉数据之间的相关性

D. 去除数据中的冗余信息，可以实现对数据的压缩

137. 显示分辨率格式 1080i 中的字母 i 表示隔行扫描，其扫描步骤为_____。

A. 先扫描奇数行再扫描偶数行　　　　B. 先扫描偶数行再扫描奇数行

C. 自顶向下顺序扫描各行　　　　　　D. 自下向上顺序扫描各行

138. 需求分析是多媒体作品创作流程的第一个环节，_____不属于需求分析阶段的工作任务。

A. 确定对象和目标　　　　　　　　　B. 设计结构与界面

C. 明确条件与限制 D. 确定内容和形式

139. 液晶显示器的主要技术指标有可视面积、_____、色彩度、亮度、对比度和信号响应时间。

A. 点距 B. 场频 C. 扫描带宽 D. 帧频

140. 一张蓝光单碟光盘可以存储_____ GB 的文件。

A. 4.7 B. 9 C. 17 D. 25

141. 在以下多媒体通信协议中,_____协议用于预留通信所用的资源,其主要作用是为了保证网络服务质量。

A. RTCP(Real-Time Transport Control Protocol)

B. RTP(Real-Time Transport Protocol)

C. RSVP(Resource Reserve Protocol)

D. SIP(Session Initiation Protocol)

142. 在音频卡驱动程序中,通常具有_____程序,可以利用它进行多种特效处理,如回音、静噪、淡入淡出、交换声道等。

A. Mixer B. DSP C. MIDI D. PCM

143. 增强现实(Augmented Reality,简称 AR)技术,又称"增强现实""混合现实",它将计算机生成的_____叠加到真实世界的场景之上,实现了对真实世界的增强。

A. 网络拓扑 B. 交互热点 C. 数据库 D. 虚拟物体

144. 将模拟声音信号转换为数字音频信号的数字化过程是采样→量化→_____。

A. 压缩 B. 编码 C. 存储 D. 传输

145. 人耳可听到的声音范围是有限的,人耳的可听域在_____ Hz 之间。

A. 50～7 000 B. 100～10 000 C. 10～40 000 D. 20～20 000

146. 我们常说的音量是指_____。

A. 音调 B. 音强 C. 音色 D. 音频

147. 当采样频率高于输入信号中最高频率的_____倍时,就可以从采样信号重构原始信号。

A. 一 B. 二 C. 三 D. 四

148. _____采样理论指出:采样频率不应低于声音信号最高频率的两倍,这样就能把数字声音还原为原始的声音效果。

A. 卡鲁扎-克莱恩 B. 多米诺 C. 奈奎斯特 D. 香农

149. 下列采集的波形声音质量最好的是_____。

A. 单声道、8 位量化、22.05 kHz 采样频率

B. 双声道、8 位量化、44.1 kHz 采样频率

C. 单声道、16 位量化、22.05 kHz 采样频率

D. 双声道、16 位量化、44.1 kHz 采样频率

150. MP3 能够以_____对数字文件进行压缩。

A. 高音质、低采样率 B. 高音质、高采样率

C. 低音质、低采样率 D. 低音质、高采样率

151. 采样精度是每次采样的数据位数,16 位量化的含义是每个采样点可以表示_____个量化值。

    A. 64   B. 256   C. 1 024   D. 65 536

152. 采样精度是每次采样的数据位数,8 位量化的含义是指每个采样点可以表示_____个量化值。

    A. 8   B. 16   C. 64   D. 256

153. 两分钟单声道,16 bit 采样位数,22.05 kHz 采样频率未压缩的 WAV 文件的数据量约为_____。

    A. 5.05 MB   B. 10.09 MB   C. 80.72 MB   D. 20.18 MB

154. 以 22.05 kHz 采样频率,16 位采样精度,双声道形式记录一首两分钟的数字音乐,未经压缩时的存储容量约为_____ MB。

    A. 5.05   B. 10.09   C. 20.18   D. 80.72

155. 在数字音频信息获取与处理过程中,正确的顺序是_____。

    A. A/D 变换、采样、压缩、存储、解压缩、D/A 变换

    B. 采样、压缩、A/D 变换、存储、解压缩、D/A 变换

    C. 采样、A/D 变换、压缩、存储、解压缩、D/A 变换

    D. 采样、D/A 变换、压缩、存储、解压缩、A/D 变换

156. 大自然中的声音大部分是_____。

    A. 基音   B. 纯音   C. 复音   D. 谐音

157. 对声音信息进行采样时,采样频率_____。

    A. 可高一些,使声音的保真度好   B. 越低越好,可以减少数据量

    C. 不能自行选择   D. 只能是 22.05 kHZ

158. 下述声音分类中质量最好的是_____。

    A. 数字激光唱盘   B. 调频无线电广播   C. 调幅无线电广播   D. 电话

159. _____是图像最基本的单位。

    A. 像素   B. 厘米   C. 毫米   D. 英寸

160. 矢量图是采用_____描述的图形,一般由点、线、矩形、多边形等几何图形组成。

    A. 物理方法   B. 颜色模型   C. 数学方法   D. 颜色深度

161. 像素深度是指存储每个像素所用的位数。一幅彩色图像的每个像素用 R,G,B 三个分量表示,如果每个分量为 8 位,则像素深度为_____。

    A. 8   B. 24   C. 2^8 D. 16

162. 矢量图是用一系列计算机指令绘制的图形,_____不是矢量图格式文件。

    A. AI   B. DWG   C. PNG   D. WMF

163. RGB 模式是日常生活中最常见的一种模式,由红、绿、_____三种颜色叠加产生的加色模式。

    A. 黄   B. 黑   C. 白   D. 蓝

164. _____又称减色模式。

    A. RGB 模式   B. CMYK 模式   C. Lab 模式   D. HSB 模式

165. 灰度模式只有_____色。

A. 灰度   B. 纯黑   C. 纯白   D. 黑白

166. 索引颜色模式是使用最多含有 256 种颜色来表现彩色图像的模式,只支持_____位色彩。

A. 32   B. 16   C. 8   D. 24

167. _____格式的图像文件支持动画效果。

A. PNG   B. PSD   C. GIF   D. BMP

168. ACDSee 和_____是常用的图像处理软件。

A. Animate   B. Photoshop   C. 3D MAX   D. Dreamweaver

169. 在计算机中,采用_____表示图像。

A. 矢量图法   B. 描点法   C. 点位图法   D. 扫描法

170. 在计算机中,采用_____表示图形。

A. 矢量图法   B. 描点法   C. 点位图法   D. 扫描法

171. 在计算机中表示圆,点位图文件占据的存储器空间比矢量图文件_____。

A. 小   B. 大   C. 相同   D. 无法比较

172. 在计算机中,矢量图文件的大小主要取决于图的_____。

A. 复杂程度   B. 在屏幕上显示的位置

C. 图的大小   D. 线段的粗细

173. 对于一幅复杂的彩色照片,在计算机中采用_____表示。

A. 点位图法   B. 矢量图法   C. 扫描法   D. 描点法

174. 计算机屏幕分辨率为 1 024×768,表示_____像素。

A. 786 002   B. 786 432   C. 1 024   D. 768

175. 用 600DPI 来扫描一幅 8 英寸×10 英寸的彩色图像,会得到_____像素的数字图像。

A. $600 \times 8 \times 10$ B. $600 \times 8 \times 600 \times 10$

C. $600 \times 8 \times 10 \times 1\,000$ D. $600 \times 8 \times 600 \times 10 \times 1\,000$

176. 对于 1080P 全高清视频图像,分辨率为 1 920 像素×1 080 像素,30 帧/s,每个像素 24 位,压缩比为 5∶1,则每秒视频的容量约为_____ MB。

A. 35.60   B. 177.98   C. 284.77   D. 36 450.00

177. 关于矢量图的描述,_____是不正确的。

A. 容量大小主要与图形的复杂程度有关

B. AutoCAD、Illustrator 和 CorelDraw 都是矢量图形设计软件

C. 矢量图适合表现颜色细节

D. 矢量图常用于插图、Logo 设计等

178. 在用扫描仪扫描彩色图像时,通常要指定图像的分辨率,分辨率越高_____。

A. 像素越少   B. 图像文件越小

C. 图像文件越失真   D. 像素越多

179. 如果计算机显示屏的分辨率为 640 × 480,一幅 320 × 240 的图像只占显示屏

的_____。

    A. 1/3   B. 1/5   C. 1/2   D. 1/4

180. CMYK 颜色模式是_____普遍使用的色彩模式。

    A. 彩色打印机   B. 计算机屏幕显示

    C. 扫描仪   D. 印刷中

181. 与设备无关的颜色模式是_____,是一种独立于各种输入、输出设备的表色体系。

    A. CMYK 模式   B. RGB 模式   C. Lab 模式   D. HSB 模式

182. 我们通常用到的模式转换(如 RGB 转 CMYK 的分色过程)都要以_____作为中间环节。

    A. Lab 模式   B. HSB 模式   C. 位图模式   D. 灰度模式

183. 灰度模式能够产生色调丰富的_____。

    A. 红色图像   B. 彩色图像   C. 黑白图像   D. 蓝色图像

184. JPEG 是一种有损压缩格式,压缩图像数据时可获得较高的压缩率。它的压缩比通常为 _____。

    A. 1∶1～4∶1   B. 5∶1～40∶1

    C. 100∶1～400∶1   D. 1 000∶1～4 000∶1

185. 动画能够在人的视觉中产生连续运动效果,是基于人类视觉的_____生理现象。

    A. 视网膜对像素的分辨   B. 视觉暂留

    C. 瞳孔反射   D. 虹膜对光通量的调节

186. 动画由内容连续但又各不相同的画面组成,如果以每秒_____幅画面的速度播放,人眼就可以看到连续的画面。

    A. 6   B. 24   C. 12   D. 16

187. 在动画制作中,_____是最基础的动画表现方法,每一帧的内容都不同,需要一帧一帧绘制。

    A. 路径动画   B. 粒子动画   C. 变形动画   D. 逐帧动画

188. 在生物界,许多动物如鸟、鱼等以群体的方式运动。这种运动既有随机性,又有一定的规律性。_____制作技术成功地解决了这一问题。

    A. 群体动画   B. 粒子动画   C. 变形动画   D. 逐帧动画

189. 迪斯尼公司的动画师总结的动画原理中,关于重量和受力的原理是_____。

    A. 预备动作   B. 追随与交搭动作

    C. 压缩与拉伸   D. 慢入与慢出

190. 迪斯尼公司的动画师总结的动画原理中,关于惯性规律的原理是_____。

    A. 预备动作   B. 追随与交搭动作

    C. 压缩与拉伸   D. 慢入与慢出

191. 迪斯尼公司的动画师总结的动画原理中,_____原理是指将角色的局部或者大部分强化到极致,以表现角色的力量和精神状态,为动画增添可信有趣的视觉效果。

    A. 夸张   B. 立体造型   C. 吸引力   D. 预备动作

192. 在动画制作中,_____可以使一个对象逐渐变成另一个完全不同的对象,或者改变一个对象的形状。

A. 路径动画　　　　B. 粒子动画　　　　C. 变形动画　　　　D. 逐帧动画

193. 在动画制作中，_____使对象沿曲线运动。

A. 群体动画　　　　B. 粒子动画　　　　C. 逐帧动画　　　　D. 路径动画

194. 计算机动画是动画艺术和_____相结合的产物，它综合利用艺术、计算机技术、数学、物理等学科的知识。

A. 数据库技术　　　　　　　　　　B. 计算机图形图像处理技术

C. 网络技术　　　　　　　　　　　D. 声音处理技术

195. 目前全世界有 NTSC、PAL、SECAM 和 HDTV 几种常见的彩色电视制式，其中HDTV 制式的宽高比是_____。

A. 4∶3　　　　　B. 16∶9　　　　　C. 16∶12　　　　　D. 12∶9

196. 以下不属于动态图像的技术参数的是_____。

A. 帧速度　　　　B. 图像质量　　　　C. 压缩比　　　　D. 数据量

197. 视频数字化后，就能做到许多模拟视频无法实现的事情。主要是_____。

(1) 数字视频的优点之一是便于处理

(2) 数字视频再现性好

(3) 数字视频不会因复制、传输和存储而产生图像质量的变化

(4) 数字视频可以通过网络共享很方便地进行长距离传输

(5) 数字视频在传输过程中不容易产生信号的损耗与失真

A. (1)(2)(3)　　　B. (2)(3)(5)　　　C. (3)(4)(5)　　　D. 全部

198. 以下软件属于视频编辑软件的是_____。

A. Photoshop　　　B. Audition　　　C. After Effects　　　D. Director

199. 常见的视频信号有_____。

A. 电视和电影　　　B. 手机和电视　　　C. 手机和电影　　　D. 手机和电台

200. "动画和电视工程师协会"采用的时码标准为 SMPTE，其格式为_____。

A. 小时∶分钟∶帧∶秒　　　　　　　B. 帧∶小时∶分钟∶秒

C. 小时∶帧∶分钟∶秒　　　　　　　D. 小时∶分钟∶秒∶帧

201. DVD 视频采用的是_____压缩标准。

A. MPEG-1　　　B. MPEG-2　　　C. MPEG-3　　　D. MPEG-4

202. NTSC 制式影片的帧速率是_____。

A. 24　　　　　B. 25　　　　　C. 29.97　　　　　D. 35

203. 利用视频图像各帧之间的时间相关性，用_____编码技术可以减少视频图像信号的冗余度，该编码方法被广泛地用于视频图像压缩。

A. 算术　　　　B. 帧内预测　　　C. 统计　　　　D. 帧间预测

204. 以下说法正确的是_____。

A. 硬件压缩速度快，成本低；软件压缩速度慢，成本高

B. 硬件压缩速度慢，成本低；软件压缩速度快，成本高

C. 硬件压缩速度快，成本高；软件压缩速度慢，成本低

D. 硬件压缩速度慢,成本高;软件压缩速度快,成本低

205. 数字视频采用的是_____。

A. 线性编辑方式

B. 非线性编辑方式

C. 径向编辑方式

D. 非径向编辑方式

206. 以下说法中正确的是_____。

A. 视频压缩比一般指压缩前的数据量与压缩后的数据量之比

B. 视频压缩比一般指压缩后的数据量与压缩前的数据量之比

C. 视频压缩比一般指压缩后的数据量与压缩前、后的数据量之和之比

D. 视频压缩比一般指压缩后的数据量与压缩前的数据量之差与压缩后的数据量之比

207. 利用视频文件编辑软件,可以对视频文件进行_____。

A. 剪辑、传输、配解说词等多种加工编辑

B. 压缩、合成、配解说词等多种加工编辑

C. 剪辑、合成、配解说词等多种加工编辑

D. 压缩、传输、配解说词等多种加工编辑

208. 数据压缩时,丢失的数据率与压缩比有关,_____。

A. 压缩比越小,丢失的数据越少,解压缩后的效果越好

B. 压缩比越大,丢失的数据越多,解压缩后的效果越差

C. 压缩比越大,丢失的数据越少,解压缩后的效果越好

D. 压缩比越小,丢失的数据越多,解压缩后的效果越差

209. _____指的是运用闪联协议、Miracast 协议等,通过 WiFi 网络连接,在不同多媒体终端同时共享展示内容,丰富用户的多媒体生活。简单地说,就是几种设备的屏幕通过专门的连接设备就可以互相连接转换。

A. 单点登录　　　B. 多屏互动　　　C. 媒体拼接　　　D. 共享组播

210. _____不属于多媒体存储设备。

A. 磁盘阵列　　　B. 网络存储器　　　C. 网络交换机　　　D. 光盘刻录机

211. "4K"是一种新兴的数字内容分辨率标准,其横向约为_____像素(pixel),电影行业常见的 4K 分辨率包括 Full Aperture 4K 和 Academy 4K 等标准。

A. 1 000　　　B. 2 000　　　C. 4 000　　　D. 8 000

212. 3D 动画的设计原理是在三维世界中按照要表现的对象建立_____以及场景,再根据要求设定其运动轨迹、虚拟摄影机的运动和其他动画参数,最后为其赋上特定的材质,并打上灯光,通过计算机自动运算,生成最后的动画。

A. 元件　　　B. 模型　　　C. 舞台　　　D. 关键帧

213. Camtasia 录像软件可以快速录制 PPT 视频,并可转换为_____,发布为 Web 形式。

A. 文本　　　B. 交互式视频　　　C. HTML　　　D. 3D 动画

214. 在多媒体传输协议中,_____协议对流媒体提供了远程控制功能,如暂停、快进等,但它本身并不传输数据,而是通过传输层的相关多媒体协议进行数据传输。

A. RTP　　　B. RSVP　　　C. MMS　　　D. RTSP

215. 在多媒体技术的发展过程中，_____技术解决了多媒体信息数据量大的瓶颈。

A. 模拟　　　　　B. 虚拟　　　　　C. 网络　　　　　D. 压缩

216. AE 文件扩展名的格式是_____。

A. Aep　　　　　B. jpg　　　　　C. bmp　　　　　D. psd

217. 采用 DIN 插座输入方式录音时其电信号值应该是_____。

A. 20 mV 左右　　　　　　　　　B. 30 mV 左右

C. 50 mV 左右　　　　　　　　　D. 20～100 mV

218. 在自然日光中，夏天晴天中午的日光色温是_____。

A. 1 850 K　　　　B. 3 500 K　　　　C. 5 400 K　　　　D. 10 000 K

219. 闪光灯的发光点灭时间比较短，一般为_____左右。

A. 1/10 s　　　　B. 1/100 s　　　　C. 1/1 000 s　　　　D. 1/10 000 s

220. 应用闪光灯照相时，通过调节_____来控制闪光曝光量。

A. 光圈孔径　　　　B. 曝光时间　　　　C. 焦距　　　　D. 色温

221. 红绿蓝三种颜色的数值分别为 100,100,200，则混合后组合亮度的数值为_____。

A. 100　　　　B. 200　　　　C. 133　　　　D. 130

222. 下列_____不属于色彩的基本属性。

A. 色相　　　　B. 亮度　　　　C. 饱和度　　　　D. 色温

223. 摄像机由近推远，画面构图由小范围景别向大范围景别连续过渡，被摄主体由大到小，其作用是描写被摄主体与周围整个环境的关系。这是_____运动镜头。

A. 推镜头　　　　B. 拉镜头　　　　C. 摇镜头　　　　D. 移镜头

224. _____指镜头始终对准运动着的被摄对象移动拍摄，获得的景别大体不变，只是背景改变。

A. 跟镜头　　　　B. 拉镜头　　　　C. 摇镜头　　　　D. 移镜头

225. 景别是由视距决定的。视距是在不使用变焦镜头的情况下，从拍摄点到被拍摄物体之间的距离。_____主要用来表示广阔的地理位置和环境气氛。

A. 全景　　　　B. 中景　　　　C. 远景　　　　D. 近景

226. 视频拍摄时，人工布光顺序为_____。

A. 主光→辅助光→轮廓光→装饰光　　　B. 装饰光→主光→辅助光→轮廓光

C. 主光→轮廓光→辅助光→装饰光　　　D. 主光→轮廓光→装饰光→辅助光

227. Adobe Audition 可以处理多达_____轨的音频信号。

A. 32　　　　B. 64　　　　C. 128　　　　D. 256

228. 在 Audition 中，双声道声音会在波形显示区中显示两个波形，左声道在_____位置。

A. 左　　　　B. 右　　　　C. 上　　　　D. 下

229. 在 Adobe Audition 中，波形显示区下方的横坐标表示_____。

A. 振幅　　　　B. 音轨数　　　　C. 振波　　　　D. 时间

230. 多媒体制作软件 Audition 属于_____。

A. 图像处理软件　　　B. 动画制作软件　　　C. 声音处理软件　　　D. 办公自动化软件

231. 在 Audition 中,利用_____功能,可以设置不同音轨中的多个音频素材之间的相对时间位置和音轨位置保持不变。

　　A. 包络编辑　　　　　B. 剪辑淡化　　　　　C. 将剪辑分组　　　　D. 合并音频

232. MIDI 文件所描述的是一组_____。

　　A. 模拟音频　　　　　B. 时序命令　　　　　C. 数字音频　　　　　D. 波形信号

233. MIDI 接口是一种常见的数字_____输出合成接口。

　　A. 视频　　　　　　　B. 音频　　　　　　　C. 图像　　　　　　　D. 图形

234. 在 Audition 的多轨编辑模式中,如果要将音频分割,可执行_____命令。

　　A. 剪切　　　　　　　B. 分离　　　　　　　C. 修剪　　　　　　　D. 剪辑

235. 在 Audition 的多轨编辑模式中,如果要将不同位置处音频的时间位置固定,可执行_____命令。

　　A. 锁定　　　　　　　B. 合并　　　　　　　C. 吸附　　　　　　　D. 编组

236. Photoshop 默认的图像文件格式是_____。

　　A. GIF　　　　　　　B. JPG　　　　　　　C. PSD　　　　　　　D. TIF

237. 在 Photoshop 中,使用仿制图章工具取样时,应按住_____键的同时单击要仿制的图像。

　　A. Shift　　　　　　 B. Alt　　　　　　　C. Ctrl　　　　　　　D. Tab

238. 在 Photoshop 中,图层总是自下而上堆叠在一起,_____总是处于最下面。

　　A. 文字图层　　　　　B. 形状图层　　　　　C. 背景图层　　　　　D. 普通图层

239. 在 Photoshop 中,按_____快捷键后可以自由变换图像。

　　A. Ctrl+U　　　　　 B. Ctrl+T　　　　　 C. Ctrl+F　　　　　 D. Ctrl+C

240. 在 Photoshop 中,"波浪""极坐标"等效果都属于_____滤镜效果。

　　A. 模糊　　　　　　　B. 扭曲　　　　　　　C. 渲染　　　　　　　D. 杂色

241. 在 Photoshop 中,要调整建立的图像选区大小,可以应用_____命令。

　　A. 自由变换　　　　　B. 变换　　　　　　　C. 变换选区　　　　　D. 平滑

242. 在 Photoshop 中,使用魔棒工具时,其工具选项栏中的容差选项的取值范围是_____。

　　A. 0～100　　　　　　B. 0～155　　　　　　C. 0～255　　　　　　D. 0～250

243. 在 Photoshop 中,路径可以由_____工具建立。

　　A. 铅笔　　　　　　　B. 画笔　　　　　　　C. 钢笔　　　　　　　D. 毛笔

244. 在 Photoshop 中,打开一幅图像后,如果要改变图像像素大小,则可以应用_____命令。

　　A. 图像大小　　　　　B. 画布大小　　　　　C. 自由变换　　　　　D. 变换选区

245. 在 Photoshop 中,下面_____可以一次性对图像使用多个滤镜。

　　A. 锐化　　　　　　　B. 艺术效果　　　　　C. 渲染　　　　　　　D. 滤镜库

246. 在 Photoshop 中,用椭圆形选择工具进行正圆选择时,应同时按下_____。

　　A. Tab　　　　　　　B. Shift　　　　　　　C. Ctrl　　　　　　　D. Alt

247. 在 Photoshop 中,RGB 模式的图像共有_____通道并存于通道控制面板中。

A. 1个　　　　　B. 2个　　　　　C. 3个　　　　　D. 4个

248. 在 Photoshop 中，当新建一个文件时，在"新建文档"对话框中不可以设定图像_____。

A. 宽度和高度　　B. 分辨率　　　　C. 颜色模式　　　D. 文件格式

249. Photoshop 在一个图像中最多可创建的图层数目为_____个。

A. 99　　　　　　B. 250　　　　　C. 255　　　　　D. 无数

250. 在 Photoshop 中，按住_____键单击图层左侧的眼睛图标，可只显示该图层而隐藏其他图层。

A. Tab　　　　　B. Shift　　　　　C. Ctrl　　　　　D. Alt

251. Photoshop 中的_____主要用于调整图像的饱和度。

A. 海绵工具　　　B. 修补工具　　　C. 涂抹工具　　　D. 锐化工具

252. Photoshop 中关于图层描述正确的是_____。

A. 调整图层的顺序可能会影响图像的最终效果

B. 可以任意调整背景图层的位置

C. 只能对相邻图层进行合并图层操作

D. 可以为背景图层添加图层样式

253. 在 Photoshop 中对图像进行自由变换操作，可以配合_____键使图像以其中心点为基准进行缩放。

A. Shift　　　　　B. Ctrl　　　　　C. Alt　　　　　D. 空格

254. 在 Animate 中，_____在时间轴中以一个黑色实心圆表示。

A. 普通帧　　　　B. 关键帧　　　　C. 补间帧　　　　D. 空白关键帧

255. 在 Animate 中，_____在时间轴中以一个空心圆表示。

A. 普通帧　　　　B. 关键帧　　　　C. 补间帧　　　　D. 空白关键帧

256. 在 Animate 中，_____是进行动画创作的重要工具，用来组织动画中的资源并且控制动画的播放。

A. 时间轴面板　　B. 库面板　　　　C. 变形面板　　　D. 属性面板

257. 在 Animate 中，文本框中的文本是一个整体，执行_____命令，可以将原来的单个文本框拆分为多个文本框。

A. 缩放　　　　　B. 分离　　　　　C. 扭曲　　　　　D. 组合

258. 在 Animate 中，可以对舞台中的对象进行旋转、缩放、扭曲等处理的工具是_____。

A. 选择工具　　　B. 任意变形工具　C. 缩放工具　　　D. 渐变变形工具

259. 在 Animate 中，3D 旋转工具只能用于_____元件的实例。

A. 按钮　　　　　B. 图形　　　　　C. 影片剪辑　　　D. 所有

260. 在 Animate 中，通过_____，可以创建一系列链接的对象，轻松创建链型效果。

A. 骨骼工具　　　B. 文本工具　　　C. 选择工具　　　D. 铅笔工具

261. 在 Animate 中，_____创建的是形状逐渐变化的动画效果。

A. 动作补间动画　B. 遮罩动画　　　C. 形状补间动画　D. 骨骼动画

262. _____是 Animate 中使用最多的动画制作方法,用来制作一个对象因属性的变化而产生的动画效果。

A. 动作补间动画　　　B. 形状补间动画　　　C. 逐帧动画　　　D. 引导动画

263. 在 Animate 的遮罩动画中,看到的是_____中的对象。

A. 遮罩层　　　B. 被遮罩层　　　C. 引导层　　　D. 所有图层

264. 一个 Animate 的动画,就是一个扩展名为_____的文档。

A. .fla　　　B. .wav　　　C. .psd　　　D. .ppt

265. 在 Animate 中,对已经有渐变填充或位图填充的区域,可以使用_____改变这些区域的填充效果。

A. 任意变形工具　　　　　　　B. 颜料桶工具

C. 渐变变形工具　　　　　　　D. 刷子工具

266. 使用 Animate 的绘图工具绘制的图形是_____。

A. 位图　　　B. 矢量图形　　　C. 嵌入式图形　　　D. 组合图形

267. 在 Animate 中,对锁定的图层不可执行的操作是_____。

A. 修改帧　　　B. 删除帧　　　C. 插入关键帧　　　D. 修改图层名称

268. _____是 Animate 中存放共享资源的场所。

A. 项目　　　B. 场景　　　C. 组件　　　D. 库

269. 在 Animate 中,按_____键可以在时间轴指定帧位置插入关键帧。

A. F5　　　B. F6　　　C. F4　　　D. F2

270. 在 Animate 中,时间轴的垂直方向是_____。

A. 帧　　　B. 图层　　　C. 场景　　　D. 元件

271. 在 Animate 中,形状补间动画没有关于_____的设置。

A. 运动速度　　　B. 旋转　　　C. 同步　　　D. 声音

272. 在 Animate 中,按钮元件有四个帧状态,其中_____帧定义鼠标的响应区域。

A. "弹起"　　　B. "指针经过"　　　C. "按下"　　　D. "点击"

273. 在 Animate 中,如果要对椭圆等工具绘制的图形设置动作补间动画,则必须先要将图形对象_____。

A. 分离一次　　　B. 分离两次　　　C. 转换为元件　　　D. 打散

274. Animate 的补间动作动画中,如果将"缓动"值由原来的 0 改为 -100,则动画中对象的运动速度_____。

A. 不变　　　B. 匀速　　　C. 先快后慢　　　D. 先慢后快

275. 在 Animate 中,要从一个比较复杂的图形中选出不规则的一部分图形,应该使用_____工具。

A. 填充变形　　　B. 套索　　　C. 滴管　　　D. 颜料桶

276. 在 Animate 中元件的类型不包括_____。

A. 按钮　　　B. 图形　　　C. 位图　　　D. 影片剪辑

277. 在 Animate 中,只有_____对象才能用于制作形状补间动画。

A. 矢量图　　　B. 位图　　　C. JPG 格式图像　　　D. TIF 格式图像

278. 在 Premiere 中,一个动画素材的长度可以被_____。

A. 任意拉长或缩短

B. 被裁剪后可以再拉长,但拉长不能超过素材原有长度

C. 被裁剪后可以再拉长,但拉长不能超过素材原有长度的两倍

D. 不能拉长或缩短

279. 在 Premiere 中,时间线窗口中视频轨道最多可以有_____个。

A. 49　　　　　　　B. 50　　　　　　　C. 99　　　　　　　D. 无数

280. 在 Premiere 中为素材设置透明度,则其位置必须在_____。

A. 视频 1 轨道　　　　　　　　　　　B. 视频 2 轨道

C. 视频 2 及以上的轨道　　　　　　　D. 视频 1 及以上的轨道

281. 在 Premiere 中,要在两个素材衔接处加入视频切换,则素材应按照_____方式进行排列。

A. 分别放在上下相邻的两个视频轨道上且无重叠区域

B. 两个素材在同一轨道上

C. 可以放在任何视频轨道上

D. 可以放在任何音频轨道上

282. 在 Premiere 中,设置字幕从屏幕外开始向上飞滚,可以设置以下_____参数。

A. 静止图像　　　　B. 滚动　　　　C. 向上滚动　　　　D. 向左滚动

283. 在 Premiere 中,对素材进行编辑的最小时间单位是_____。

A. 帧　　　　　　　B. 秒　　　　　　　C. 毫秒　　　　　　D. 分钟

284. 如果视频的图像为彩色,分辨率为 640 像素×480 像素,50 帧/秒,每个像素 24 位,则每秒视频的容量约为_____。

A. 43.95 MB　　　B. 351.6 MB　　　C. 14.65 MB　　　D. 30 MB

285. 在 Premiere 中存放素材的是_____面板。

A. 节目监视器　　　B. 项目　　　　C. 时间线　　　　D. 效果控制

286. 电视信号隔行扫描时,场频是帧频的_____倍。

A. 4　　　　　　　　B. 3　　　　　　　C. 2　　　　　　　D. 1

287. 在 Premiere 中选择工具的快捷键是_____。

A. V　　　　　　　B. S　　　　　　　C. A　　　　　　　D. M

288. 在 Premiere 中,关于设置关键帧的方式描述正确的是_____。

A. 仅可以在时间线面板中为素材设置关键帧

B. 仅可以在时间线面板和效果控制面板中为素材设置关键帧

C. 仅可以在效果控制面板中为素材设置关键帧

D. 可以在时间线面板、效果控制面板、节目监视器面板中为素材设置关键帧

289. 使用 Premiere 编辑视频,欲将一段素材画面自然流畅地转换到另一段素材画面,通常可使用_____视频过渡效果。

A. 3D 运动类　　　B. 沉浸式视频类　　　C. 划像类　　　　D. 滑动类

290. 数字视频制作过程中涉及的视频参数主要有三个:分辨率、帧率和_____,分别表

示视频的画面大小、每秒钟播放的视频画面数量以及单位时间内传送的数据量。

    A. 行频   B. 场频   C. 码率   D. 压缩率

291. 影视后期制作分为视频合成和_____两部分,二者缺一不可。前者主要用于对众多不同元素进行艺术性组合和加工,实现特效、剪辑和片头动画,后者主要实现对数字化媒体的随机访问、不按时间顺序记录或重放编辑。

    A. 视频切换   B. 非线性编辑   C. 视频生成   D. 视频资源存储

292. 有些视频播放工具能够支持的视频格式有限,需要配合安装相应的_____才能进行播放。

    A. 存储器   B. 编解码器   C. 压缩器   D. 转换器

293. 在 Premiere 中,将视频插入时间轴面板后,其中的音频信号_____。

    A. 和视频信号共用一个轨道

    B. 会自动插入音频轨道

    C. 要用其他方法插入音频轨道

    D. 要先用音频处理软件从视频信号中分离后再插入

294. 在 After Effects 中,若素材的帧速率为 16 fps,而合成影像的帧速率为 30 fps,则素材每向前走一帧,合成影像显示为_____。

    A. 1 帧   B. 2 帧   C. 1/2 帧   D. 4 帧

295. 在启动 After Effects 时,按住_____键能使其按照缺省设置启动。

    A. Ctrl   B. Alt   C. Shift   D. Shift+Ctrl

296. 在 After Effects 中,按下大写锁定键后,产生的效果是_____。

    A. 素材更新,其他不变

    B. 层更新,其他不变

    C. 层和合成影像窗口更新,其他不变

    D. 所有素材、层、合成影像窗口都停止更新

297. 在 After Effects 中,下列_____不能用于追踪参考。

    A. RGB 色彩信息   B. 亮度信息

    C. 颜色饱和度信息   D. 深度信息

298. 下列_____无法在 After Effects 中使用。

    A. 三维通道文件的深度信息   B. 三维通道文件中的摄像机信息

    C. 文本文件中的对象属性数据信息   D. 散文通道中的贴图信息

299. After Effects 的表达式是基于_____编程语言的。

    A. Basic   B. C++   C. Java Script   D. SQL

300. 在 After Effects 中,给当前图层的"旋转"属性添加一个关键帧的快捷键是_____。

    A. Alt+R   B. Ctrl+R   C. Alt+Shift+R   D. Alt+Ctrl+R

301. 在 After Effects 中,执行"图层"|"新建"命令,可以在合成影片中增加的对象种类有_____种。

    A. 5 种   B. 6 种   C. 7 种   D. 8 种

302. 在 After Effects 中,如果要使一个自转的层进行公转,具体操作是_____。

A. 改变层的轴心点位置　　　　　　　B. 移动层的位置

C. 调整层的旋转参数　　　　　　　　D. 调整层的缩放参数

303. 在 After Effects 中,下面对于摄像机参数描述正确的是_____。

A. 摄像机参数不影响图像中的阴影和高亮部分

B. 摄像机参数影响图像中间区域和阴影区域

C. 摄像机参数影响图像中间区域和高亮区域

D. 摄像机参数影响图像中所有区域

304. 在 After Effects 中,可以在下列_____窗口中通过调整参数精确控制对象。

A. 项目　　　　　B. 合成影像　　　　　C. 时间线　　　　　D. 信息

305. 在 After Effects 的视频编辑中,最小单位是_____。

A. 小时　　　　　B. 分钟　　　　　C. 秒　　　　　D. 帧

二、多选题

1. 信息交换媒体用于存储和传输全部的媒体形式,可以是存储媒体、传输媒体或者是二者的某种结合。以下_____属于信息交换媒体。

A. 内存　　　　　B. 网络　　　　　C. 音乐　　　　　D. 电子邮件系统

2. 以下媒体中属于感觉媒体的有_____。

A. 音乐　　　　　B. 语言　　　　　C. 图像　　　　　D. 网络

3. 以下媒体中属于显示媒体的有_____。

A. 数码相机　　　　B. 内存　　　　C. 打印机　　　　D. 显示器

4. 媒体在计算机中有两种含义:一是指用于存储信息的实体;二是指信息载体。此外,还有用于传播信息的媒介。下列属于信息载体的有_____。

A. 文本　　　　　B. 图像　　　　　C. 磁盘　　　　　D. 声音

5. 多媒体技术是一门综合_____以及多种学科和信息领域技术成果的技术,是信息社会发展的一个新方向。

A. 计算机技术　　　B. 行为技术　　　C. 视听技术　　　D. 通信技术

6. 以下_____是多媒体技术的主要处理对象。

A. 文字　　　　　B. 视频信号　　　　C. 音频信号　　　　D. 动画

7. 多媒体技术的基本特性是_____。

A. 多样性　　　　B. 集成性　　　　C. 交互性　　　　D. 实时性

8. 一个完整的多媒体计算机系统是由硬件和软件两部分组成,其中硬件系统主要包括_____。

A. 计算机基本硬件　　　　　　　　B. 各种外围设备

C. 多媒体素材制作平台　　　　　　D. 多媒体应用系统

9. 一个完整的多媒体计算机系统是由硬件和软件两部分组成,其中软件系统主要包括_____。

A. 计算机基本硬件　　　　　　　　B. 多媒体创作系统

C. 多媒体素材制作平台　　　　　　D. 各种外围设备

10. 下面板卡中，_____属于多媒体板卡。

A. 硬盘接口卡　　B. 显示卡　　C. 音频卡　　D. 视频采集卡

11. 多媒体外围设备包括各种媒体、视听输入/输出设备及网络设备。以下_____是多媒体外围设备。

A. 数码摄像机　　B. 扫描仪　　C. 视频采集卡　　D. 触摸屏

12. 衡量数码相机的主要性能指标包括：_____。

A. 分辨率　　B. 彩色深度　　C. 连拍速度　　D. 透光性

13. 以下_____是多媒体素材制作平台软件。

A. Photoshop　　B. IE　　C. Animate　　D. Windows

14. 以下_____是新的传感技术。

A. 语音识别与合成　　　　　　B. 手写输入

C. 数据手套　　　　　　　　　D. 电子气味合成器

15. 与模拟电视相比，数字电视的优势在于_____。

A. 清晰度高　　　　　　　　　B. 频道数量成倍增加

C. 可开展多功能业务　　　　　D. 抗干扰能力强

16. 根据多媒体的特性判断以下_____属于多媒体的范畴。

A. 交互式视频游戏　　　　　　B. 有声图书

C. 彩色画报　　　　　　　　　D. 彩色电视

17. 多媒体技术应用的关键问题是_____。

A. 建立技术标准　　　　　　　B. 压缩编码和解压

C. 提高开发质量　　　　　　　D. 降低多媒体产品的成本

18. 数据压缩后，解压缩时可以把数据完全复原的称为_____。

A. 无损压缩　　B. 无失真压缩　　C. 可逆压缩　　D. 有损压缩

19. 下面_____属于无损压缩编码。

A. JPEG　　B. LZW 编码　　C. 霍夫曼编码　　D. PCM 编码

20. 下面_____属于有损压缩编码。

A. 预测编码　　B. 行程编码　　C. 霍夫曼编码　　D. PCM 编码

21. 下面_____信息应该应用无损压缩算法。

A. 文本　　B. 应用软件　　C. 图像　　D. 视频

22. 下面_____信息一般可以应用有损压缩算法。

A. 文本　　B. 应用软件　　C. 图像　　D. 视频

23. 下列_____编码属于预测编码。

A. PCM　　B. ADPCM　　C. DPCM　　D. LPC

24. 下面_____说法是正确的。

A. 有损压缩是不可逆的　　　　B. 有损压缩是可逆的

C. 无损压缩是可逆的　　　　　D. 无损压缩是不可逆的

25. 下面属于有损压缩的编码为_____。

A. LZW 编码　　　　　B. 变换编码　　　　　C. 混合编码　　　　　D. 算术编码

26. 多媒体数据一般有格式数据和无格式数据两类。格式数据结构简单,处理方便。无格式数据具有_____特点。

A. 复合性　　　　　　B. 分散性　　　　　　C. 时序性　　　　　　D. 数据量大

27. 目前最流行、成熟的流媒体制作、播放、服务端平台有_____。

A. Unix　　　　　　　B. Apple　　　　　　C. Microsoft　　　　　D. RealNetworks

28. 流媒体的播放方式有_____等方式。

A. 单播　　　　　　　B. 广播　　　　　　　C. 组播　　　　　　　D. 点播

29. 下列_____是专用的视频编解码处理压缩芯片。

A. ASIC　　　　　　　B. PCI　　　　　　　C. DSP　　　　　　　D. DVR

30. _____是 IPV6 的特点。

A. 更大的路由表　　　　　　　　　　　　B. 更大的地址空间

C. 更高的安全性　　　　　　　　　　　　D. 地址长度为 32

31. 多媒体通信系统,目前应用较多的主要是_____。

A. 多媒体会议系统　　　　　　　　　　　B. 数据检索

C. 视频点播(VOD)系统　　　　　　　　　D. 交互式电视

32. _____是多媒体会议系统的关键技术。

A. 编解码器　　　　　B. 压缩技术　　　　　C. 多点传送　　　　　D. 会议控制

33. _____属于多媒体传输协议。

A. RTP 协议　　　　　B. HTTP 协议　　　　C. RSVP 协议　　　　D. UDP 协议

34. 按照现代通信网络功能组成结构,通信网可分为_____。

A. 交换网　　　　　　B. 以太网　　　　　　C. 接入网　　　　　　D. 传输网

35. QoS 的关键指标主要包括:可用性、吞吐量、_____。

A. 时延　　　　　　　B. 抗干扰能力　　　　C. 时延变化　　　　　D. 丢失

36. 多媒体数据库系统的层次结构为_____。

A. 物理层　　　　　　B. 概念层　　　　　　C. 表现层　　　　　　D. 用户层

37. 5D 影院利用座椅特效和环境特效,模拟了电闪雷鸣、风霜雨雪、爆炸冲击等多种特技效果,将_____和动感完美地融为一体。

A. 视觉　　　　　　　B. 听觉　　　　　　　C. 嗅觉　　　　　　　D. 触觉

38. 按照用户体验原则,多媒体交互式作品应该_____。

A. 强制用户参与人机对话　　　　　　　　B. 包含尽可能多的反馈信息

C. 包含一个导航界面方便用户使用　　　　D. 让观众随时了解浏览的位置

39. 多媒体技术的处理对象主要包括_____。

A. 图像　　　　　　　B. 动画　　　　　　　C. 音频　　　　　　　D. 视频

40. 多媒体平台软件是多媒体产品开发进程中的重要部分,它是多媒体产品是否成功的关键,其主要作用有_____。

A. 控制各种媒体的启动、运行与停止

B. 协调媒体之间发生的时间顺序,进行时序控制与同步控制

C. 生成面向用户的操作界面,设置控制按钮和功能菜单,以实现对媒体的控制

D. 生成数据库,提供数据库管理功能

41. 多媒体应用系统开发模型包括_____。

    A. 瀑布模型　　　　　B. 快速原型模型　　　　C. 螺旋模型　　　　D. 黑盒/白盒模型

42. 分辨率是决定 HDTV(high definition television,高清晰度电视)清晰度的主要因素,目前达到了 HDTV 标准的分辨率有_____。

    A. 340×255　　　　　B. 720×576　　　　　C. 1 280×720　　　　D. 1 920×1 080

43. 固态硬盘相比于机械硬盘的优势是_____。

    A. 读写速度快　　　　B. 防震抗摔　　　　　C. 低功耗　　　　　D. 低噪音

44. 关于多媒体数据压缩的正确说法包括_____。

    A. 冗余度压缩是一个不可逆过程,也叫有失真压缩

    B. 数据中间尤其是相邻的数据之间,常存在着相关性

    C. 可以利用某些变换尽可能地去掉数据之间的相关性

    D. 去除数据中的冗余信息,可以实现对数据的压缩

45. 关于高清晰度多媒体接口 HDMI,描述正确的是_____。

    A. 是一种数字化视频/音频接口技术,可同时传送音频和影像信号

    B. 无需在信号传送前进行数/模或者模/数转换

    C. 可搭配宽带数字内容保护(HDCP),以防止具有著作权的影音内容遭到未经授权的复制

    D. 是专用于视频传输的数字化接口,只传输影像信号

46. 近年来,基于网络的多媒体开发语言 HTML5 发展迅速,_____。

    A. 大多数浏览器都支持 HTML5 技术

    B. HTML5 是组织网络多媒体文档重要的标记语言

    C. 基于 WebGL 及 CSS3 的 3D 功能,HTML5 可在浏览器中呈现更好的视觉效果

    D. HTML5 不支持 Web 端的 video、audio 等多媒体功能

47. 目前显示适配器常见的输出接口有_____。

    A. HDMI　　　　　　B. VGA　　　　　　　C. DVI　　　　　　　D. LPT

48. 屏幕录像工具可以捕获动态的屏幕图像,_____等软件工具可以实现屏幕录像。

    A. AviScreen　　　　B. HyperCam　　　　C. Snagit 12　　　　D. Media Player

49. 数码相机的性能指标包括_____等。

    A. 有效像素　　　　　B. 连拍速度　　　　　C. 白平衡　　　　　D. 变焦范围

50. 数字视频制作过程中涉及的视频参数主要有码率、_____。

    A. 刷新率　　　　　　B. 分辨率　　　　　　C. 波特率　　　　　D. 帧率

51. 随着互联网＋的发展,基于网络的多媒体作品开发需求日益增多,相应的多媒体开发语言或技术主要有_____。

    A. VRML　　　　　　B. HTML5　　　　　　C. Web3D　　　　　D. ADSL

52. 网络多媒体服务质量(QoS)是为网络多媒体业务定义的一组网络性能参数,其类型包括_____。

    A. 确定型　　　　　　B. 统计型　　　　　　C. 流程型　　　　　D. 尽力型

53. 相对于传统渲染农场,云渲染农场具有_____特点。

A. 能实现全天候服务 B. 在线提交渲染任务

C. 实时查看渲染结果 D. 在线下载渲染结果

54. 渲染云平台由 SAAS 层、PAAS 层、IAAS 层组成,其中属于 PAAS 功能的有_____。

A. 资源管理 B. 计算任务调度

C. 数据存储 D. 渲染管理 Web 应用

55. 声音的要素包括_____。

A. 音调 B. 音色 C. 音强 D. 音频

56. 下列声音文件格式中,_____是波形文件格式。

A. .wav B. .avi C. .mp3 D. .mdi

57. 以下对于声音的描述正确的是_____。

A. 声音是一种模拟量

B. 声音是一种数字量

C. 利用计算机录音时,通过对模拟声波先采样再量化转换成二进制数字量

D. 利用计算机录音时,通过对模拟声波先量化再采样转换成二进制数字量

58. 常用的音频采样频率主要包括_____。

A. 11.025 kHz B. 22.05 kHz C. 33.075 kHz D. 44.1 kHz

59. 影响数字音频信号质量的主要技术指标包括_____。

A. 采样频率 B. 采样精度 C. 声道数 D. 编码算法

60. 常用的语音合成方法有_____。

A. 参数合成法 B. 基音异步叠加法

C. 基音同步叠加法 D. 基于数据库的语音合成方法

61. 语音合成技术的特点包括_____。

A. 自然度 B. 清晰度 C. 表现力 D. 复杂度

62. 在语音识别技术中,"语音识别单元的选取"是语音识别研究的第一步。语音识别单元包括_____。

A. 音色 B. 单词 C. 音节 D. 音素

63. 语音识别技术中所应用的模式匹配和模型训练技术主要有_____。

A. 动态时间归正技术 B. 隐马尔可夫模型

C. 人工神经网络技术 D. 人工智能技术

64. 常用的音频处理软件有_____。

A. Audition B. Animate C. GoldWave D. Director

65. HSB 模式是一种基于人对颜色的感觉的色彩模式,是以_____为基础来描述颜色的。

A. 色相 B. 饱和度 C. 亮度 D. 对比度

66. 在计算机中,经常遇到的分辨率有_____。

A. 文字分辨率 B. 图像分辨率 C. 符号分辨率 D. 显示分辨率

67. 下面_____说法是正确的。

A. 矢量图放大或缩小会失真　　　　　　B. 点阵图放大或缩小不会失真

C. 通常点阵图占有的图像空间比较大　　D. 点阵图也称位图

68. 灰度模式可以从_____转换得到。

A. RGB 模式　　　　B. CMYK 模式　　　　C. HSB 模式　　　　D. Lab 模式

69. 常用的图像处理软件有_____。

A. CorelDRAW　　　　B. Animate　　　　C. Illustrator　　　　D. Photoshop

70. 位图模式是用_____来表示图像中的像素。

A. 黑色　　　　B. 红色　　　　C. 白色　　　　D. 蓝色

71. 下列选项中,表示图像文件格式的有_____。

A. PNG 格式　　　　B. JPEG 格式　　　　C. GIF 格式　　　　D. XLS 格式

72. 图像文件格式 JPEG 具有的特点是_____。

A. 颜色数目较少　　　　　　　　B. 使用有损压缩格式

C. 能很好地再现全彩色图像　　　D. 使用无损压缩格式

73. JPEG 使用了_____统计编码方法。

A. 霍夫曼编码　　　　B. PCM 编码　　　　C. 算术编码　　　　D. 变换编码

74. YUV 又称亮度色差模型,其中表示色差的信号是_____。

A. Y　　　　B. U　　　　C. V　　　　D. Y,U,V

75. 计算机动画已广泛应用于_____领域。

A. 网页设计　　　　B. 广告设计　　　　C. 电影电视制作　　　　D. 游戏开发

76. 在群体动画制作技术中,群体的行为包含两个对立的因素,既要相互靠近又要避免碰撞。为了控制群体的行为,应遵循的原则是_____。

A. 碰撞避免原则　　　　B. 匀速运动原则　　　　C. 速度匹配原则　　　　D. 群体合群原则

77. 动画中的运动是有规律可循的,根据迪士尼公司对于动画运动规律的总结,_____符合其动画原理。

A. 压缩与拉伸　　　　B. 预备动作　　　　C. 夸张　　　　D. 慢入与慢出

78. 属于动画文件格式的有_____。

A. SWF 格式　　　　B. FLA 格式　　　　C. JPG 格式　　　　D. WAV 格式

79. 在粒子动画中,每个粒子有共同的属性,如_____。

A. 速度　　　　B. 加速度　　　　C. 颜色　　　　D. 生存周期

80. Animate 支持的动画类型包括_____动画。

A. 骨骼　　　　B. 遮罩　　　　C. 补间　　　　D. 摄像机

81. 常用三维动画制作软件有_____。

A. Maya　　　　B. Animate　　　　C. 3Ds Max　　　　D. Audition

82. 常用视频文件的格式有_____。

A. AVI　　　　B. MPEG　　　　C. MOV　　　　D. JPG

83. 下面_____说法是正确的。

A. 电视的制式就是电视信号的标准

B. 不同的制式对视频信号的解码方式、色彩处理方式以及屏幕扫描频率的要求完全不同

C. 制式的区分主要在于帧频、分辨率、信号带宽以及载频、色彩空间的转换关系上

D. 全制式电视机可以在各个国家的不同地区使用

84. 数字视频信号的标准文件格式,使个人计算机_____视频信号成为可能。

A. 处理　　　　　　B. 交换　　　　　　C. 网络传输　　　　D. 保存

85. 减少数据量的方法有_____。

A. 数据压缩　　　　　　　　　　　　B. 减小画面尺寸

C. 降低帧速度　　　　　　　　　　　D. 减少颜色数量

86. 模拟视频的数字化主要包括_____。

A. 色彩空间的转换　　　　　　　　　B. 文件格式的转换

C. 分辨率的统一　　　　　　　　　　D. 光栅扫描的转换

87. 视频和图像的质量与_____有关。

A. 帧速度　　　　　　　　　　　　　B. 原始数据

C. 视频压缩的强度　　　　　　　　　D. 传输距离

88. 视频的特点是_____。

A. 直观、生动　　　B. 传输速度快　　　C. 高分辨率　　　　D. 色彩逼真

89. 目前世界上模拟电视的制式包括_____。

A. NTSC　　　　　　B. PAL　　　　　　C. SECAM　　　　　D. YUV

90. 下面_____光源属于自然光。

A. LED 光　　　　　B. 太阳光　　　　　C. 月光　　　　　　D. 激光

91. 下列色彩中属于暖色调的是_____。

A. 青蓝色　　　　　B. 红色　　　　　　C. 绿色　　　　　　D. 黄色

92. 淡调色彩主要表现_____视觉效果。

A. 淡雅　　　　　　B. 素洁　　　　　　C. 神秘　　　　　　D. 柔和

93. 视频拍摄中,在进行光位布光时,根据高低角度可以分为_____等。

A. 顶光　　　　　　B. 顺光　　　　　　C. 仰光　　　　　　D. 脚光

94. 视频拍摄时,运动镜头运用必须要注意的问题有_____等。

A. 起幅要稳,落幅要准　　　　　　　B. 推拉镜头,速度均匀

C. 被摄物体,相对定位　　　　　　　D. 光照合适,对比鲜明

95. 在 Audition 中的混响效果包括_____。

A. 环绕声混响　　　B. 完美混响　　　　C. 室内混响　　　　D. 混响

96. 在 Audition 中,要实现两段音频之间的过渡,可以应用_____方法。

A. 交叉衰减　　　　B. 淡入淡出　　　　C. 音量包络编辑　　D. 混响

97. 在 Photoshop 中,使用工具箱中的选框工具创建选区时,_____是工具选项栏中包括的选区组合方式。

A. 新选区　　　　　B. 添加到选区　　　C. 从选区减去　　　D. 与选区交叉

98. 在 Photoshop 中,保存文件时,_____是可以选择的文件格式。

A. PSD　　　　　　B. JPG　　　　　　C. GIF　　　　　　D. PNG

99. 在 Photoshop 中，下面_____说法是正确的。

A. 形状工具用于建立普通图层　　　　　B. 形状工具用于建立形状图层

C. 形状工具用于绘制选区　　　　　　　D. 形状工具用于绘制路径

100. 在 Photoshop 中，下面_____说法是正确的。

A. 选区可以转换为路径　　　　　　　　B. 路径是位图

C. 路径可以生成选区　　　　　　　　　D. 路径是矢量线段

101. 在 Photoshop 中，色调调整工具有_____。

A. 橡皮　　　　　B. 海绵　　　　　C. 淡化　　　　　D. 吸管

102. 在 Photoshop 的 RGB 模式中，可以把彩色图像转变为黑白图像的命令有_____。

A. 阈值　　　　　B. 色阶　　　　　C. 去色　　　　　D. 黑白

103. 在 Photoshop 中，如果打开的一幅图像中人物的脸部或其他部位带有污点等杂点，可以使用_____工具快速修复图像中的杂点。

A. 画笔　　　　　B. 图章　　　　　C. 钢笔　　　　　D. 修复

104. 下列_____颜色模式是 Photoshop 支持的。

A. RGB　　　　　B. 黑白　　　　　C. Lab　　　　　D. CMYK

105. Animate 中有几种不同类型的帧，它们是_____。

A. 普通帧　　　　B. 空白关键帧　　　C. 特殊帧　　　　D. 关键帧

106. Animate 中时间轴面板分为左、右两个区域，这两个区域是_____。

A. 按钮区域　　　B. 图层控制区　　　C. 帧控制区　　　D. 选项区域

107. Animate 的属性面板可以显示_____的属性。

A. 工具　　　　　B. 文档　　　　　C. 元件　　　　　D. 帧

108. Animate 有多种文本类型，它们是_____。

A. 动态文本　　　B. 输入文本　　　C. 按钮文本　　　D. 静态文本

109. Animate 中的元件有_____。

A. "图形"元件　　　　　　　　　　　B. "文本"元件

C. "按钮"元件　　　　　　　　　　　D. "影片剪辑"元件

110. 在 Animate 动画中，可以包含_____等对象。

A. 视频　　　　　B. 文字　　　　　C. 图片　　　　　D. 音频

111. 在 Animate 中，可以使用滤镜功能的对象有_____。

A. 按钮　　　　　B. 音频　　　　　C. 文本　　　　　D. 影片剪辑

112. 在 Animate 中有不同类型的图层，它们是_____。

A. 引导层　　　　B. 普通图层　　　C. 背景层　　　　D. 遮罩层

113. Animate 动作补间动画，是通过改变对象的_____等属性产生动画效果。

A. 位置　　　　　B. 大小　　　　　C. 颜色　　　　　D. 透明度

114. 在 Animate 中，按钮元件的鼠标状态有_____。

A. 弹起　　　　　B. 按下　　　　　C. 指针经过　　　D. 点击

115. 在 Animate 中，时间轴中帧的操作有_____。

A. 复制帧　　　　B. 粘贴帧　　　　C. 移动帧　　　　D. 删除帧

116. 可以将 Animate 动画作品发布为_____。

A. swf 文件　　　　　B. html 文件　　　　　C. fla 文件　　　　　D. xls 文件

117. 在 Animate 中,使用动作补间动画可以产生的动画效果有_____。

A. 使对象移动　　　　　　　　　B. 使对象旋转

C. 使对象变成另一个不同的对象　　D. 使对象颜色逐渐变淡

118. 在 Premiere 中除了使用导入的素材,还可以建立一些新素材元素,其中包括:_____。

A. 通用倒计时片头　　　　　　　B. 彩条

C. 黑场视频　　　　　　　　　　D. 颜色遮罩

119. 在 Premiere 中可以使用以下_____方法导入素材。

A. 执行"菜单"|"导入"命令

B. 在项目面板空白处双击鼠标

C. 在项目面板空白处右击鼠标,执行快捷菜单中的"导入"命令

D. 直接将素材拖放到项目面板中

120. 下列_____属于 Premiere 视频过渡方式。

A. 水平翻转　　　　　B. 滑动　　　　　C. 交叉溶解　　　　　D. 块溶解

121. 在下列 Premiere 视频效果中,可以设置关键帧的是_____。

A. 镜头光晕　　　　　B. 复制　　　　　C. 百叶窗　　　　　D. 黑白

122. 在 Premiere 中,关于字幕设计窗口叙述正确的是_____。

A. 可以通过"导入"命令导入纯文本内容加以编辑制作字幕

B. 可以在字幕设计窗口中设置修改路径文字

C. 字幕设计窗口提供了一些字幕模板

D. 字幕设计窗口中可以选择显示或隐藏安全区

123. 在 Premiere 中,输出当前帧为静态图片的格式包括_____。

A. PNG　　　　　B. GIF　　　　　C. TAG　　　　　D. JPEG

124. 在 Premiere 中关于节目监视器面板描述正确的说法有_____。

A. 可以在其中设置素材的入点、出点

B. 可以改变静止图像的持续时间

C. 可以在其中为素材设置标记

D. 可以用来显示素材的 Alpha 通道

125. 以下关于 Premiere 的工具面板描述准确的是_____。

A. 常规编辑界面下,工具栏以竖列显示工具

B. 常规编辑界面下,工具栏以横列显示工具

C. 工具栏在同一层级显示工具

D. 工具栏分层级显示工具

126. 在 After Effects 中,观测点不动,摄像机旋转的动画应该_____实现。

A. 动画摄像机目标点 X 和 Y 轴位置属性

B. 动画摄像机 X 和 Y 轴旋转属性

C. 动画摄像机观测点位置属性

D. 动画摄像机缩放属性

127. 在 After Effects 中，下面对"蒙版"的作用描述正确的是_____。

A. 通过"蒙版"可以对制定的区域进行屏蔽

B. 某些特效需要根据"蒙版"发生作用

C. 产生屏蔽的"蒙版"必须是封闭的

D. 应用于效果特效的"蒙版"必须是封闭的

128. 在 After Effects 中，对于创建文字描述正确的是_____。

A. 可以通过多种方法创建文字——使用文字工具、文字特效和新建文字层

B. 文字工具既可以创建横排文字也可以创建竖排文字

C. 只可以通过文字工具来创建文字，特效中不包含文字特效

D. 只可以通过文字特效来创建文字，没有文字工具

129. 在 After Effects 中，下列关于层描述正确的是_____。

A. 在时间线中处于上方的层一定会挡住其下的从层

B. 利用层模式，可以根据层间的颜色差异产生混合效果

C. 对于 RPF 和 PSD 这样含有图层的文件，可以选择个别图层单独导入

D. 通过"预合成"可以把多个层组合为一个层

130. 在 After Effects 中，假设"层 A"和"层 B"是链接关系，且"层 A"是"层 B"的父层，那么下面描述正确的有_____。

A. 当缩放"层 A"时，"层 B"同时跟随缩放

B. 当缩放"层 B"时，"层 A"同时跟随缩放

C. 当调整"层 A"的特效时，"层 B"的特效同时跟随调整

D. 当移动"层 A"时，"层 B"同时跟随移动

三、填空题

1. _____是融合两种或者两种以上媒体的一种人-机交互式信息交流和传播媒体，使用的媒体包括文字、图形、图像、声音、动画和视频。

2. 媒体也称媒介或传播媒体，它是承载信息的载体，是信息的表示形式。媒体一般可以分为以下六种类型：感觉媒体、表示媒体、显示媒体、存储媒体、_____、信息交换媒体。

3. 媒体在计算机中有两种含义：一是指用于存储信息的实体，例如纸张、磁盘、光盘等；另一种是_____。

4. 图像是采用像素点描述的自然影像，主要指具有 23～232 彩色数量的 GIF，BMP，TGA，TIF，JPG 格式的静态图像。图像采用_____方式，并可对其压缩，实现图像的存储和传输。

5. _____是指人和计算机能够"对话"，使人可以选择控制应用过程，是多媒体技术的一个基本特征。

6. 音乐设备数字接口的英文缩写为_____。

7. _____软件是利用扫描仪将文字信息输入计算机中的应用软件，可将原本为图像格

式的文字,识别并转换为可供编辑的文本格式的文字。

8. 数码摄像机的感光元件能把光线转变成电荷,通过模/数转换器芯片转换成数字信号,主要有两种:一种是广泛使用的 CCD(电荷耦合)元件;另一种是_____(互补金属氧化物导体)器件。

9. _____是计算机主机与显示器之间的接口,用于将主机中的数字信号转换成图像信号并在显示器上显示出来,它决定屏幕的分辨率和显示器上可以显示的颜色。

10. 扫描仪按不同的标准可以分成不同的类型。按照扫描原理,可以将扫描仪划分为平板式扫描仪、手持式扫描仪和_____。

11. 信噪比是数码摄像机的一个主要性能指标,是视频信号电平与噪声电平之比。信噪比越高,图像越"干净",质量就越高,通常在_____ dB 以上。

12. 灵敏度是反映摄像机光电转换性能高低的一个指标。目前,监控系统所用 CCD 摄像机的灵敏度用最低照度来衡量,照度越低,表明灵敏度越高,光电转换性能越好。目前一般彩色 CCD 摄像机的最低照度可以达到_____ Lux。

13. 刻录机规格是指刻录机的类型,可写式的光存储分为 CD 刻录机和_____刻录机两种。

14. 多媒体技术在教育领域方面的应用主要体现在计算机辅助教学、计算机辅助学习、计算机化教学、计算机化学习、计算机辅助训练以及计算机管理教学,其中"计算机辅助训练"的英文缩写是_____。

15. 多媒体技术在教育领域方面的应用主要体现在计算机辅助教学、计算机辅助学习、计算机化教学、计算机化学习、计算机辅助训练以及计算机管理教学,其中"计算机辅助学习"的英文缩写是_____。

16. 交互式网络电视是一种利用宽带互联网、多媒体、通信等多种技术于一体,向家庭用户提供包括数字电视在内的多种交互式服务的崭新技术,交互式网络电视的英文缩写是_____。

17. 数字电视是指从演播室电视节目的采集、制作、编辑到信号的发射、传输、接收的所有环节,都使用数字信号或对该系统所有的信号都通过_____来传播的电视。

18. 视频点播是计算机技术、网络技术、多媒体技术发展的产物,是一项全新的信息服务,视频点播技术的英文简称是_____。

19. 多媒体数据包含了文本、图形、图像、音频以及_____等多类媒体对象。

20. 在多媒体中,用于传播信息的电缆、电磁波等被称为"_____"。

21. 视频采集卡按照其用途可分为_____视频采集卡、专业级视频采集卡和民用级视频采集卡。

22. 数据压缩时,压缩掉的是_____数据。

23. 数据可以进行压缩是因为数据中存在_____数据。

24. JPEG 是一种图像的_____压缩格式。

25. 评价多媒体数据压缩的技术优劣有压缩比率、_____、压缩与解压缩的速度。

26. 在模数转换的过程中,每秒采样的次数称为_____。

27. 预测编码是_____压缩编码,主要对数据冗余进行压缩。

28. 有一字符串"CCCCWWWaaaaaaPPPCCC",用行程编码可以表示为_____。

29. 数据压缩时,若冗余数据压缩是完全可逆的,则称为_____压缩。

30. 在对图像数据压缩时,预测编码可分为帧内预测和_____两种压缩方法。

31. 媒体输入/输出技术中,_____是指改变媒体的表现形式,如当前广泛使用的视频卡、音频卡都属于这类技术。

32. 触摸屏是根据触摸屏上的位置来识别并完成操作的。这属于媒体输入/输出技术中的_____技术。

33. 语音合成器可以把语音的内部数据表示综合为声音输入。这属于媒体输入/输出技术中的_____技术。

34. _____简称 RAID,它属于超大容量的外存储器子系统,是由许多台磁盘机或光盘机按一定规则来备份数据、提供系统性能的。

35. _____协议是端对端基于组播的应用层协议。

36. _____协议是针对 IP 网络传输层不能保证服务质量和支持多点传输而提出的协议。

37. _____协议是用来访问并流式接收 Windows Media 服务器中.ASF 文件的一种协议。

38. 多媒体数据一般有_____和_____两类。

39. 多媒体数据系统的层次结构与传统的关系数据库基本一致,同样具有_____、概念层和表现层。

40. 多媒体数据系统的组织结构一般可以分为三种,即集中型、_____和协作型。

41. 流媒体在因特网上的传输必然涉及_____协议。

42. RTP/RTCP 是端对端基于组播的_____协议。

43. _____是下一代 IP 协议,将用于替代目前使用的 IP 协议 IPV4。

44. 视频点播(VOD)系统中,对用户账户进行管理,记录用户使用视频资源的时间、次数,并且计算相应费用的设备是_____。

45. _____是多媒体系统的重要组成部分,它实现多媒体信息在通信网络中的传输和交换。

46. 多媒体会议系统的网络环境从总体上分成基于_____交换的网络环境和基于分组交换的网络环境两种。

47. 接入网的_____化和 IP 化将成为今后接入网发展的主要技术趋势。

48. VOD 系统中用户控制视频服务器的典型设备是_____。

49. 为了获得满足目标的多媒体应用系统,多媒体软件过程不仅涉及工程开发,而且还涉及工程支持和工程管理,通常采用软件能力成熟度模型进行项目管理和自我评估,其中软件能力成熟度模型的英文简称为_____。

50. _____打印是一种快速成型技术,它是一种以数字模型文件为基础,运用粉末状金属或塑料等可黏合材料,通过逐层打印的方式来构造物体的技术。

51. _____是超文本和多媒体在信息浏览环境下的结合,是对超文本的扩展,除了具有超文本的全部功能,还能够处理多媒体和流媒体信息。

52. _____是由 CompuServe 公司开发的无损压缩图像文件格式,只支持 8 位色彩(256色),适合网络传输,支持透明背景,还可以将多张图像保存在同一个文件中,按照一定的时间间隔进行逐个显示,形成动画效果。

53. _____图是用一系列计算机指令来绘制的一幅图。这些指令描述了图形中所包含的点、直线、曲线等元素的形状、大小、位置及颜色等信息。

54. _____智能终端,如智能手机、车载智能终端和可穿戴设备等,拥有接入互联网的能力,通常搭载操作系统,可以根据用户的需求定制各种功能。

55. 4K 电视是屏幕物理分辨率达到 4 096 像素×2 160 像素的电视机产品,能接收、解码、显示相应分辨率的视频信号,4K 电视的分辨率是 2K 电视的_____倍。

56. MPEG-2 压缩原理利用了视频图像中的_____相关性和时间相关性。

57. 超文本抽象机模型(HAM)将超文本系统划分为 3 个层次,即用户接口层、超文本抽象机层和_____层。

58. 对于 PCM 编码,如果采用相等的量化间隔处理采样得到的信号值,称为_____量化或线性量化。

59. 多媒体的基本特性包括信息载体的_____性、交互性、集成性和实时性。

60. 多媒体会议系统涉及的信息分为音频、_____、数据和控制信息。

61. 多媒体会议终端是由编码器、_____、视频输入输出设备、音频输入输出设备和网络接口组成的。

62. 多媒体是融合了文字、图形、图像、_____、动画和视频等多种媒体而形成的存储、传播和表现信息的载体。

63. 多媒体数据压缩的评价标准包括_____、压缩质量、压缩与解压缩速度三个方面。

64. 高清电视(HDTV)、3D 电视(3DTV)迅速发展,超高清电视(UHDTV)成为广播电视领域的下一个发展方向。UHDTV 相对于 HDTV 来说,能够为观众提供更佳的视觉体验、更好的临场感,按照 ITU-R 相关标准的规定,UHDTV 可支持 4K(3 840×2 160)与_____K(7 680×4 320)两种图像尺寸,这也是 UHDTV 与 HDTV 最大的区别。

65. 根据奈奎斯特理论,如果一个模拟音频信号中的最高频率为 f,则数字化过程中音频采样频率不应低于_____。

66. 霍夫曼(Huffman)编码方法根据消息出现的_____分布特性,在消息和码字之间找到确切的对应关系,以实现数据压缩。

67. 霍夫曼编码采用码字长度可变的编码方式,基于符号出现的不同_____,使用不同的编码位数。

68. 媒体可分为感觉媒体、表示媒体、显示媒体、存储媒体、_____媒体和信息交换媒体六种类型。

69. 媒体一般可以分为感觉媒体、表示媒体、存储媒体、显示媒体和传输媒体。3D 视频属于_____媒体。

70. 声音是振动的波,是随时间连续变化的物理量。自然界的声音信号是连续的_____信号。

71. 频率是声音信号的重要参数,是指信号每秒变化的次数。人们把频率低于 20 Hz 的声音称为_____信号;把频率高于 20 000 Hz 的声音称为_____信号。

72. 声音分为_____和复音两种类型。

73. 用声音输出结果,赋予计算机"讲话"的能力,这属于_____技术。

74. 使计算机具有"听懂"语音的能力,属于_____技术。

75. 语音合成可分为三个层次,分别是_____的合成;_____的合成;_____的合成。

76. 文语转换系统是语音合成的第一个层次,是将文字内容转换为语音输出的语音合成系统,其输入的通常是_____。

77. 语音识别技术是使计算机通过识别和理解过程把_____转变为相应的文本或命令的技术。

78. 在语音识别技术中,_____技术是完成在丰富的语音信号中提取出对语音识别有用的信息,通过对语音信号进行分析处理,去除对语音识别无关紧要的冗余信息,获得影响语音识别的重要信息。

79. 描述模拟声音的三个物理量中,_____决定了音调的高低。

80. 区别于纯音,_____是具有不同频率和不同振幅的混合声音,是影响声音特色的主要因素。

81. 影响数字音频信号质量的主要技术指标包括采样频率、采样_____、声道数和编码算法。

82. 点阵图也称位图,它与_____有关,将点阵图放大或缩小图像会失真。

83. 位图模式又称_____,用黑白两种颜色表示图像中的像素。

84. 数字图像处理就是将图像信号转换成数字信号并利用计算机对其进行处理,它不仅能完成线性运算,而且能实现_____。

85. 扫描仪、摄像机等设备将模拟图像信号变成_____图像数据。

86. 在计算机中,_____是构成图像的最小单元。

87. 图像获取是计算机处理图像的重要过程,大致分为图像采样、图像分色和_____三个步骤。

88. 数字图像处理也被称为计算机图像处理,是指将图像信号转换成_____并利用计算机对其进行处理的过程。

89. 数字图像处理技术具有的特点是:再现性好、处理精度高、灵活性高、信息_____的潜力大。

90. 与设备无关的颜色模式是_____颜色模式。

91. 由于人眼有_____的生理特点,在观看电影、电视或动画片时看到的画面是连续的。

92. 动画中的活动形象要以客观事物的_____规律为基础,但不是简单的模拟。

93. 按照不同的视觉效果,可将计算机动画分为二维动画和_____。

94. 模拟电视信号的扫描采用隔行扫描和_____。

95. YUV 色差模型中,Y 表示_____信号,U、V 分别表示色差信号 R－Y 和 B－Y。

96. 我国普遍采用的视频格式是_____。

97. 在视频中，_____是视频图像的最小单位，一帧表示扫描获得一幅完整图像的模拟信号。

98. 在视频中，每秒连续播放的帧数称为帧率，单位是_____。

99. 在视频中，典型的帧率是 24 帧/秒、_____帧/秒和 30 帧/秒，这样的视频图像看起来才能达到顺畅和连续的效果。

100. 录音输入的三种方式为_____、_____和_____。

101. 采用线路输入方式录音时其电信号值应该是_____左右。

102. 摄影中要注意的三个方面问题是_____、_____和_____。

103. 视频拍摄中常用的景别有_____、_____、_____、_____和_____。

104. 在进行视频彩色拍摄时，最佳照度一般为_____，其光圈指数可在_____之间。

105. 在 Audition 的多轨编辑模式中，可以对音频进行_____，从而改变声音输出时的波形幅度。

106. 在 Audition 中，执行"编辑"|"插入到多轨区"命令可以将在单轨编辑模式中编辑完成的音频文件插入多轨编辑模式中。默认情况下该音频文件被插入多轨编辑模式_____位置处。

107. 在 Audition 中，执行_____命令可以将录音过程中的环境噪音消除。

108. Audition 的工作界面包括多轨编辑模式、单轨编辑模式和_____编辑模式。

109. 在 Photoshop 中，可以将图像存储为多种格式，其中_____格式是 Photoshop 的专用格式。

110. 在 Photoshop 中，时间轴面板用于创建_____和_____两种动画效果。

111. 在 Photoshop 中，使用矩形选框工具，按住_____键的同时拖拽鼠标将创建一个正方形选区。

112. 在 Photoshop 中，按 Alt＋Delete 组合键，可为当前选区填充_____色。

113. 在 Photoshop 中，蒙版包括快速蒙版、_____、剪贴蒙版和矢量蒙版。

114. 在 Photoshop 中，路径由一个或多个直线段或曲线段组成，_____、方向线和方向点是路径的构成要素。

115. 在 Photoshop 中，在使用多边套索工具创建多边形选区时，按住_____键拖动鼠标可得到水平、垂直或 45°方向的选择线。

116. 在 Photoshop 中，在删除选区时，想使删除后的图像边缘过渡柔和，在删除图像前应对选区执行_____命令。

117. 在 Photoshop 中，在"图像大小"对话框中，要等比缩放图像大小，应选择_____选项。

118. 在 Photoshop 中，当要运用"滤镜"菜单命令对文字图层中的文字进行操作时，要使用_____命令先将文字图层转化为普通图层。

119. 在 Photoshop 中，使用"阈值"命令可以将图像变为_____。

120. 在 Photoshop 中，输入文字"多颜色文字"后，若要实现填充渐变色的文字效果，首先需要对文字图层进行_____处理，然后再载入文字选区，使用渐变工具进行填充。

121. 在 Photoshop 中，通道主要用于存放图像的颜色和_____信息。

122. 在 Photoshop 中打开一幅 CMYK 图像文件会自动建立_____个单色通道和一个复合通道。

123. Photoshop 的套索工具组包含套索工具、_____套索工具和磁性套索工具。

124. 在 Animate 中,使用_____工具可以在舞台中创建文本。

125. 在 Animate 中,打开_____面板可以看到导入的素材和创建的元件。

126. 在 Animate 中,使用_____工具可以为图形添加边框线。

127. 在 Animate 中,为了撤销操作,可以打开_____面板,将面板中的滑块向上拖动,回到以前的操作步骤。

128. 在 Animate 中,制作骨骼动画时,首先要使用_____工具为对象添加骨骼。

129. 在 Animate 中,使用_____面板为帧或其他对象添加脚本语言。

130. 在 Animate 中,时间轴的主要组件是_____、帧和播放头。

131. 在 Animate 中,通过设置帧频可以设置动画的_____速度。

132. 在 Animate 中,将作品导出为 Animate 影片时,新创建文件的扩展名为_____。

133. 在 Animate 的绘图工具中,使用_____工具,可以为对象的封闭区域添加颜色。

134. 在 Animate 中,元件存放在_____中。

135. 在 Animate 时间轴选中某一帧,按键盘上的_____功能键可以插入关键帧。

136. 在 Animate 中,_____关键帧对应的舞台内容是空白的,主要用于结束前一个关键帧的内容,在时间轴上以带有空心圆的帧表示。

137. 在 Premiere 中,预览时间线面板效果的快捷键是_____。

138. 在 Premiere 中,保存的项目文件扩展名是_____。

139. 在 Premiere 中,一段长度为 10 s 的视频片段,如果改变其速度为 200%,那么其长度变为_____ s。

140. 在 Premiere 中,剃刀工具的快捷键是_____。

141. 在 After Effects 中,路径文字特效用于使文字沿着路径运动。路径可以是直线、圆、Bezier 曲线,也可以是一个_____。

142. 在 After Effects 中,二维是指_____向和 Y 轴向构成的平面图。

143. 在 After Effects 中,_____是在二维基础上增加 Z 轴向,形成 X,Y,Z 的三维空间。

144. 在 After Effects 中,创建遮罩的方法有:用_____、用钢笔工具回执遮罩和通过 Photoshop 软件回执路径转成遮罩。

145. 在 After Effects 中,影片在播放时每秒扫描的帧数被称为_____。

146. 在 After Effects 中,NTSC 制的影片的帧速率为 30 fps,PAL/DV 制的影片的帧速率为_____。

147. 在 After Effects 中,要在一个新项目中编辑、合成影片,首先需要建立一个_____,通过对各素材进行编辑达到最终合成效果。

148. 在 After Effects 中,要建立一个合成,则可以按下快捷键_____。

149. 在 After Effects 中,创建好的图层可以随意设置其属性参数,层上面包含了 5 个基本参数,包括_____、位置、旋转、缩放和不透明度。

150. 在 After Effects 中，＿＿＿＿＿＿主要通过修改属性并收缩或扩张像素来修补抠像后留下来的残留部分。

四、简答题

1. 什么是媒体？简述媒体的六种类型。

2. 什么是多媒体？什么是多媒体技术？多媒体技术所涉及的两种形式是什么？

3. 简述多媒体技术的基本特性。

4. 简述多媒体计算机系统的层次结构。

5. 简述多媒体计算机的软硬件基础。

6. 主要的新媒体包括哪些？

7. 对多媒体信息进行数据压缩的理论基础是什么？

8. 冗余数据一般包含哪几个部分？

9. 为什么视频数据一般采用有损压缩？

10. 把模拟信号转换为数字信号一般要经过哪几个步骤？

11. 冗余数据一般有哪几种？

12. 多媒体传输协议有哪些？各有什么特点？

13. 简述 IPV6 协议的优势。

14. 服务质量 QoS 的关键指标是什么？

15. 简述多媒体通信系统中主要部件的功能。

16. 什么是流技术？

17. 多媒体数据对数据库的影响有哪几个方面？

18. 多媒体数据库系统有哪些功能？

19. 构造多媒体数据库的方法有哪两类？

20. 关系数据库模型的扩充技术主要有哪些？

21. 多媒体数据库系统的组织结构有哪几种？

22. 简述基于软件生存周期的多媒体软件开发过程。

23. 简述将模拟信号数字化的步骤及相关原理。

24. 简述影响数字音频信号质量的主要技术指标。

25. 5 min 双声道、16 位采样位数、44.1 kHz 采样频率声音的无压缩数据量是多少？

26. 什么是语音识别技术？简述语音识别系统的分类和关键技术。

27. 什么是显示分辨率？

28. 色彩模式有哪些？

29. Lab 模式的特点是什么？

30. 数字图像处理主要研究哪些内容？

31. 数字图像处理技术主要有哪些优点？

32. 产生动画的原理是什么？

33. 在制作动画的时候，夸张能否随心所欲？

34. 计算机动画的特点是什么？

35. 动画制作技术有哪些？

36. 简述目前全世界有几种常见的彩色电视制式及主要参数。

37. 简述模拟视频的数字化过程。

38. 如何解决数字视频信号数据量大的问题？

39. 简述视频数字图像的特点。

40. 视频数字化有何优点？

41. 自然光中光质主要受什么因素的影响？举例说明光质对所拍摄对象的影响。

42. 简述图像画面构图的一般规律。

43. 简述 IEEE 1394 视频采集卡的主要特点。

44. 简述拍摄视频运动画面和场景的技巧。

45. 简述视频画面的基本构图技巧。

46. 什么是选区？Photoshop 中选区有什么优点？

47. Photoshop 中修复工具和图章工具的异同点是什么？

48. 在 Photoshop 中，图层分为哪几种？其主要作用是什么？

49. 在 Photoshop 中，通道与图层有哪些联系与区别？

50. 在 Photoshop 中，滤镜的作用是什么？是否任何图像格式都可以使用滤镜来处理？

51. 不管是传统动画还是计算机动画，在制作时都应遵循哪些规律？

52. 计算机动画有哪些特点？

53. 如何创建 Animate 补间动画？

54. 简述在 Animate 中使用时间轴特效能产生哪些动画。

55. 分析 Animate 中不同类型帧的特点及作用。

56. Animate 中遮罩层的特点是什么？

57. Animate 中如何让对象沿着指定的路径移动？

58. 什么是关键帧？在 Premiere 中如何添加关键帧？

59. 在 Premiere 中，如何为素材设置运动路径？

60. 如何在 Premiere 中创建字幕？如何创建滚动字幕？

61. Premiere 中如何实现画面的淡入淡出？声音的淡入淡出又如何实现？

62. After Effects 可应用在哪些领域？

63. After Effects 中支持的视频文件格式有哪几种？

64. After Effects 影片中设置图片切换效果一般有几种？如何制作这些切换效果？

65. After Effects 中，什么是合成？怎样创建合成？

第三部分　参考答案

一、单选题

1. D	2. C	3. C	4. C	5. A	6. A	7. B	8. C
9. D	10. D	11. B	12. C	13. B	14. D	15. B	16. A
17. C	18. D	19. C	20. D	21. D	22. A	23. A	24. B
25. A	26. A	27. B	28. C	29. D	30. D	31. C	32. A
33. B	34. C	35. D	36. B	37. D	38. A	39. A	40. A
41. D	42. C	43. C	44. B	45. A	46. C	47. B	48. A
49. C	50. B	51. A	52. D	53. D	54. C	55. D	56. A
57. A	58. B	59. D	60. A	61. A	62. D	63. C	64. B
65. C	66. B	67. C	68. B	69. C	70. D	71. A	72. C
73. B	74. C	75. A	76. A	77. A	78. C	79. B	80. C
81. B	82. B	83. A	84. C	85. B	86. A	87. C	88. B
89. B	90. A	91. A	92. D	93. C	94. D	95. B	96. A
97. A	98. B	99. B	100. D	101. A	102. A	103. C	104. C
105. C	106. D	107. A	108. A	109. A	110. C	111. A	112. D
113. A	114. B	115. C	116. D	117. B	118. B	119. A	120. C
121. C	122. C	123. A	124. D	125. A	126. D	127. C	128. C
129. D	130. A	131. A	132. C	133. D	134. C	135. D	136. A
137. A	138. B	139. A	140. D	141. C	142. A	143. D	144. B
145. D	146. B	147. B	148. C	149. D	150. A	151. D	152. D
153. A	154. B	155. C	156. C	157. A	158. A	159. A	160. C
161. B	162. C	163. D	164. B	165. A	166. C	167. C	168. B
169. C	170. A	171. B	172. A	173. A	174. B	175. B	176. A
177. C	178. D	179. D	180. D	181. C	182. A	183. C	184. B
185. B	186. B	187. D	188. A	189. C	190. B	191. A	192. C
193. D	194. B	195. B	196. C	197. D	198. C	199. A	200. D
201. B	202. C	203. D	204. C	205. B	206. A	207. C	208. B
209. B	210. C	211. C	212. B	213. B	214. D	215. D	216. A
217. B	218. C	219. C	220. A	221. D	222. D	223. B	224. A
225. C	226. A	227. C	228. C	229. D	230. C	231. C	232. B
233. B	234. B	235. A	236. C	237. B	238. C	239. B	240. B
241. C	242. C	243. C	244. A	245. D	246. B	247. D	248. D

249. D	250. D	251. A	252. A	253. C	254. B	255. D	256. A
257. B	258. B	259. C	260. A	261. C	262. A	263. B	264. A
265. C	266. B	267. A	268. D	269. B	270. B	271. B	272. D
273. C	274. D	275. B	276. C	277. A	278. B	279. D	280. D
281. B	282. B	283. A	284. A	285. B	286. C	287. A	288. B
289. C	290. C	291. B	292. B	293. B	294. B	295. C	296. D
297. D	298. D	299. C	300. C	301. C	302. A	303. A	304. C
305. D							

二、多选题

1. ABD	2. ABC	3. ACD	4. ABD
5. ACD	6. ABCD	7. ABCD	8. AB
9. BC	10. BCD	11. ABD	12. ABC
13. AC	14. BCD	15. ABCD	16. AB
17. BD	18. ABC	19. BC	20. AD
21. AB	22. CD	23. BCD	24. AC
25. BC	26. ABCD	27. BCD	28. ABCD
29. AC	30. BC	31. ACD	32. ACD
33. AC	34. ACD	35. ACD	36. ABC
37. ABCD	38. CD	39. ABCD	40. ABCD
41. ABC	42. CD	43. ABCD	44. BCD
45. ABC	46. ABC	47. ABC	48. ABC
49. ABCD	50. BD	51. ABC	52. ABD
53. ABCD	54. AB	55. ABC	56. AC
57. AC	58. ABD	59. ABCD	60. ACD
61. ABCD	62. BCD	63. ABC	64. AC
65. ABC	66. BD	67. CD	68. AB
69. ACD	70. AC	71. ABC	72. BC
73. AC	74. BC	75. ABCD	76. ACD
77. ABCD	78. AB	79. ABCD	80. ABC
81. AC	82. ABC	83. ACD	84. ABCD
85. ACD	86. ACD	87. BC	88. ACD
89. ABC	90. BC	91. BD	92. ABD
93. ACD	94. ABC	95. ACD	96. ABC
97. ABCD	98. ABCD	99. BD	100. ACD
101. BC	102. ACD	103. BD	104. ACD
105. ABD	106. BC	107. ABCD	108. ABD
109. ACD	110. ABCD	111. ACD	112. ABD

113. ABCD　　114. ABCD　　115. ABCD　　116. AB
117. ABD　　118. ABCD　　119. ABCD　　120. BC
121. ABC　　122. BCD　　123. ABD　　124. AC
125. AC　　126. AB　　127. ABC　　128. AB
129. BCD　　130. AD

三、填空题

1. 多媒体　2. 传输媒体　3. 信息载体　4. 位图
5. 交互性　6. MIDI　7. OCR　8. CMOS
9. 显示卡　10. 滚筒式扫描仪　11. 50　12. 1
13. DVD　14. CAT　15. CAL　16. IPTV
17. 数字流　18. VOD　19. 视频　20. 媒介
21. 广播级　22. 冗余　23. 冗余　24. 有损
25. 压缩质量　26. 采样频率　27. 有损　28. * 4C* 3W* 6a* 3P* 3C
29. 无损或可逆或无失真　30. 帧间预测　31. 媒体变换技术
32. 媒体识别　33. 媒体综合　34. 磁盘阵列　35. RTP/RTCP
36. RSVP　37. MMS　38. 格式数据、无格式数据
39. 物理层　40. 主从型　41. 网络传输　42. 应用层
43. IPV6　44. 记账计算机　45. 多媒体通信　46. 电路
47. 宽带　48. 机顶盒　49. CMM　50. 3D
51. 超媒体　52. GIF　53. 矢量　54. 移动
55. 4　56. 空间　57. 数据库　58. 均匀
59. 多样　60. 视频　61. 解码器　62. 声音
63. 压缩比　64. 8　65. $2f$　66. 概率
67. 频率　68. 传输　69. 感觉　70. 模拟
71. 亚音或次音、超音频　72. 纯音
73. 语音合成或文语转换　74. 语音识别
75. 文字到语音、概念到语音、意向到语音　76. 文本字符串
77. 语音信号　78. 特征参数提取　79. 频率　80. 复音
81. 精度　82. 分辨率　83. 黑白模式　84. 非线性运算
85. 数字　86. 像素　87. 图像量化　88. 数字信号
89. 适用面宽　90. Lab　91. 视觉残留　92. 运动
93. 三维动画　94. 逐行扫描　95. 亮度　96. PAL
97. 帧　98. 帧/秒　99. 25
100. 线路输入、DIN 插座输入、话筒输入　101. 20～100 mV　102. 源、构图、色彩
103. 远景、全景、中景、近景、特写　104. 2 000 lx，F4～F2　105. 包络编辑
106. 音轨 1 的 0.0 s　107. 降噪器　108. CD

109. PSD
110. 视频时间轴、帧动画
111. Shift

112. 前景
113. 图层蒙版
114. 锚点
115. Shift

116. 羽化
117. 约束比例
118. 栅格化
119. 黑白图像

120. 栅格化
121. 选区
122. 4
123. 多边形

124. 文本
125. 库
126. 墨水瓶
127. 历史记录

128. 骨骼
129. 动作
130. 图层
131. 播放

132. swf
133. 颜料桶
134. 库
135. F6

136. 空白
137. 空格键
138. PRPROJ
139. 5

140. C
141. 遮罩路径
142. X 轴
143. 三维

144. 标准几何遮罩工具
145. 帧速率
146. 25 fps

147. 合成
148. Ctrl＋N
149. 定位点
150. 蒙版特效